装配式建筑产业工人技能培训教材

构件制作工

主 编 牛亚卫 邓超杰

黄河水利出版社

·郑州·

内 容 提 要

本教材以培养建筑产业化工人为目标,以装配式产业基地、装配式企业实践为基础,结合国家、行业、企业标准,阐述装配式建筑基本知识、构件及连接节点构造、制作设备及工装系统、预制构件生产、构件质量控制、职业素养等内容。

图书在版编目(CIP)数据

构件制作工/牛亚卫,邓超杰主编.—郑州:黄河水利出版社,2018.12
装配式建筑产业工人技能培训教材
ISBN 978-7-5509-2242-6

Ⅰ.①构… Ⅱ.①牛… ②邓… Ⅲ.①建筑工程-装配式构件-技术培训-教材 Ⅳ.①TU7

中国版本图书馆 CIP 数据核字(2018)第 291612 号

出 版 社:黄河水利出版社　　　　　　网址:www.yrcp.com
　　地址:河南省郑州市顺河路黄委会综合楼 14 层　邮政编码:450003
发行单位:黄河水利出版社
　　发行部电话:0371-66026940、66020550、66028024、66022620(传真)
　　E-mail:hhslcbs@126.com
承印单位:河南承创印务有限公司
开本:890 mm×1 240 mm　1/32
印张:4.125
字数:120 千字　　　　　　　　印数:1—1 000
版次:2018 年 12 月第 1 版　　　印次:2019 年 3 月第 1 次印刷
定价:25.00 元

装配式建筑产业工人技能培训教材

编审委员会

序

发展装配式建筑,是全面贯彻党的十九大精神和习近平总书记系列讲话精神、推进供给侧结构性改革和新型城镇化发展的重要举措,是贯彻创新、协调、绿色、开放、共享的发展理念,节约资源能源、减少施工污染、提升劳动生产效率和质量安全水平的有力抓手,是提高城市建设水平、促进建筑业与信息化工业化的深度融合、培育新产业新动能、推动化解过剩产能的有效途径。

当前,传统的建筑业农民工队伍和营造方式已经不能满足建筑业转型发展的需求,也不能适应装配式建筑施工的新要求。传统农民工向技能型岗位工人转型,单一型岗位技能工人向复合型岗位技能工人转型,已成为解决装配式建筑快速发展过程中对新的技能型工人需求问题的主要途径。基于这一现状,河南省政府办公厅在《关于大力发展装配式建筑的实施意见》中提出了"333"人才工程计划,即于2020年底前培养300名高层次专业人才、3 000名一线专业技术管理人员、30 000名生产施工技能型产业工人。这一计划既是河南省培养装配式人才队伍的具体要求,也是国家装配式建筑发展战略的落实点之一。2018年11月9日,住房和城乡建设部同意在河南、四川两省开展培育新时期建筑产业工人队伍试点工作。河南省将进一步深化建筑用工制度改革,建立建筑工人职业化发展道路,推动建筑业农民工向建筑工人转变,健全建筑工人技能培训、技能鉴定体系,加快建设知识型、技能型、创新型建筑业产业工人大军的步伐。

装配式建筑产业的发展,需要政府、企业、院校和社会公众的共同关注和积极参与。装配式建筑人才的培养,需要培训教材的支撑。此前,河南省已经出版了装配式混凝土建筑基础理论及关键技术丛书,并被列为"十三五"国家重点出版规划项目。此次编写的装配式建筑产业工人技能培训教材,在学习总结前书编写经验的基础上,充分考虑读者的需求,内容上贴近工程实践、注重技能提升,形式上采用了视频动画和 VR 技术等多种表现方法,图文并茂,通俗易懂,可作为建筑施工企业工人培训教材及建设类职业院校相关专业教学辅助用书。希望本套丛书的出版和应用,能形成可复制、可推广的模式,为探索新时期建筑产业工人的职业技能教育和素质教育,进而提高工程质量和城市建设水平提供理论基础和实践依据。

本书编委会

2018 年 12 月 20 日

前　言

　　发展装配式建筑有利于提升建筑的品质,实现建筑的工业化、节能减排和可持续发展目标。2017 年 3 月 23 日,住房和城乡建设部印发了《"十三五"装配式建筑行动方案》《装配式建筑城市管理办法》《装配式建筑产业基地管理办法》,明确了"十三五"装配式建筑的工作目标、重点任务、保障措施、示范城市与产业基地管理办法。

　　目前,建筑行业急需一大批新型装配式建筑及相关技术的产业工人,出现行业需求与产业脱节的现象,为解决相关装配式建筑人员紧缺及相关培训教材短缺的问题,河南建设教育协会组织相关知名装配式建筑企业、高校编写《构件制作工》,以培养建筑产业化工人为目标,以装配式产业基地、装配式企业实践为基础,结合国家、行业、企业标准,阐述装配式建筑基本知识、构件及连接节点构造、制作设备及工装系统、预制构件生产、构件质量控制、职业素养等内容。

　　本书由河南省建设教育协会组织编写,由牛亚卫、邓超杰担任主编,刘继鹏、廉保华、刘攀、苑文明、殷禾生担任副主编,其他参编人员有王腾飞、刘洋坤、陈景芳、陈延伟、路帅兵,本书在编写过程中得到参编单位和相关领导的大力支持,在此表示衷心的感谢。

　　由于作者水平有限,书中难免存在不妥之处,敬请读者及专家批评指正!

作　者

2018 年 11 月

目　录

第三部分　现场管理

第一部分　基础理论

第一章　装配式建筑基本知识

国办发 71 号文《关于大力发展装配式建筑的指导意见》及《装配式建筑评价标准》（GB/T 51129—2017）中对于装配式建筑的定义如下：装配式建筑是指工厂生产的预制部品、部件在施工现场装配而成的建筑。装配式建筑可充分发挥预制部品、部件的高质量优势，实现建筑标准的提高，通过发挥现场装配的高效率，实现建造综合效益的提高。发展装配式建筑是建筑业建造方式的变革。

装配式建筑可以分为两部分：一部分是构件生产，另一部分是构件组装。与传统建筑业生产方式相比，装配式建筑的工业化生产在设计、施工、装修、验收、工程项目管理等各个方面都具备明显的优越性。

本章详细内容，读者可通过扫描右边二维码进行阅读与学习。

装配式建筑基本知识

第二章　构件及连接节点构造

装配式混凝土结构是由预制混凝土构件通过可靠的连接方式装配而成的混凝土结构,包括装配整体式混凝土结构、全装配混凝土结构等。在建筑工程中,简称装配式建筑;在结构工程中,简称装配式结构。

装配式建筑的核心在于设计采用什么样的装配式结构体系和工艺体系来保证预制构件的传力以及构件、节点的协同工作。

装配整体式混凝土结构是由预制混凝土构件通过可靠的方式进行连接并与现场后浇混凝土、水泥基灌浆料形成整体的装配式混凝土结构,简称装配整体式结构。简言之,装配整体式混凝土结构的连接以"湿连接"为主要方式,连接方法主要有套筒灌浆连接、浆锚搭接连接、后浇混凝土连接等。装配整体式混凝土结构具有较好的整体性和抗震性。目前,大多数多层和全部高层 PC 建筑都是装配整体式,有抗震要求的低层 PC 建筑也多是装配整体式结构。

全装配混凝土结构的 PC 构件靠干法连接(如螺栓连接、焊接等)形成整体。预制钢筋混凝土柱单层厂房就属于全装配混凝土结构。国外一些低层建筑或非抗震地区的多层建筑采用全装配混凝土结构。

构件及连接节点构造

本章详细内容,读者可通过扫描右边二维码进行阅读与学习。

第二部分　操作实践

第三章　制作设备及工装系统

第一节　制作设备

下面针对预制构件生产主要设备的功能及组成、设备特点、主要技术参数、设备操作及注意事项进行介绍。

一、清理机

清理机如图3-1所示。

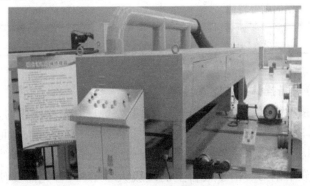

图3-1　清理机

（一）功能及组成

（1）功能：主要是将脱模后的空模台（去掉边模和埋芯后）上附着的混凝土清理干净。

（2）组成：主要由清渣铲、横向刷辊、清渣铲支撑架、电气控制系统、气动控制系统和清渣斗组成。

(二)设备特点

(1)采用特殊结构的刮刀,轻松铲除模台上块状混凝土及凸起黏结物。

(2)双辊加钢丝毛刷辊,可扫除颗粒状混凝土及平面黏结物。

(3)往复行走装置可实现对模台的反复清扫,清洁度可达到85%以上。

(三)主要技术参数

清理机主要技术参数见表3-1。

表 3-1　清理机主要技术参数

项目	指标
清渣铲铲刀宽度	4 000 mm
横向刷辊长度	4 000 mm
横向刷辊转速	300 r/min
总功率	8.5 kW

(四)设备操作及注意事项

(1)接模台准备。起模后的模台进入下一个循环使用时,需要对模台表面进行清洁处理。按下输送线上移动模台的按键,即可将模板送到清理机下。

(2)放下刮刀。由于模台上的垃圾大小不一,首先需要使用刮刀推铲。当需要清理模台时,按下控制台上刮刀放下按键,利用汽缸即可将刮刀放下。启动清扫辊放下刮刀后,立即按下控制台上清扫辊启动按键,启动清扫辊。

(3)清扫模台。清扫辊启动后,按下输送线上移动模台按键,使模台移动,模台在输送电机的驱动下,通过清理机,自动完成模台清理。

(4)反复清扫。如果模台一次没有清理干净,可使用输送线上模台反复移动旋钮,将模台退回,进行二次清理。

二、脱模剂喷涂机

脱模剂喷涂机如图 3-2 所示

图 3-2　脱模剂喷涂机

(一)功能及组成

(1)功能:主要用于将脱模剂均匀快速地喷涂在模板表面上。

(2)组成:主要由机架、喷涂控制系统、喷涂装置及收集箱等组成。

(二)设备特点

(1)12 个(具体数量视模板宽度而定)独立喷涂装置在可编程逻辑控制器(Programmable Logic Controller,PLC)的控制下,按预先设定好的喷涂画面,自动完成喷涂作业。

(2)触摸屏直观设置,可根据划线情况,随时改变喷涂形状,节约脱模隔离剂。

(3)在 PLC 的控制下,喷头的喷出量可在规定的范围内调整。

(4)下置脱模隔离剂收集箱,方便脱模隔离剂的回收。

(三)主要技术参数

喷涂机主要技术参数见表 3-2。

表 3-2　喷涂机主要技术参数

项目	指标
自吸泵电机功率	0.37 kW
脱模剂喷涂范围	4 m
喷嘴流量	1.35 L/min
脱模剂箱有效容积	155 L
隔膜泵排出压力	0.33 MPa

（四）设备操作及注意事项

脱模剂喷涂为自动操作,当需要喷涂脱模剂时,按动输送线上移动模台按键,移动模台通过喷涂机,喷涂机自动启动喷涂系统,即可同时完成脱模剂喷涂及抹匀操作。

三、划线机

划线机如图 3-3 所示。

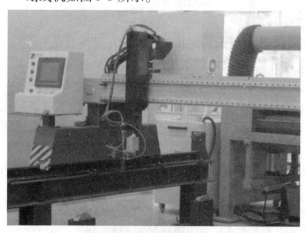

图 3-3　划线机

（一）功能及组成

（1）功能:主要用于在模台上快速而准确地划出边模预埋件等位置,提高放置边模、预埋件的准确性和速度。

(2)组成:主要由机械传动系统、控制系统、伺服驱动系统、划线系统及集中操作系统等组成。

(二)设备特点

(1)行走部分为桥式结构,采用双边伺服电机驱动,运行稳定,工作效率高。

(2)装有自动划笔系统,能自动调整划笔与模台的距离。通过人机集中操控界面,可实现各种复杂图形一键操作。

(3)适用于各种规格的通用模板叠合板、墙板底模的划线。

(4)配有 USB 接口,通过自带的 Fastcam 自动编程软件,可对各种图形根据实际要求进行计算机预先处理,通过外接 U 盘传递,实现图形的精准定位。

(5)适用于各种规格的模板、叠合板、墙板模台的划线作业。

(6)系统可在手动、自动划线两套操作系统之间快速转换,便于灵活地补线及快递操作。

(三)主要技术参数

划线机主要技术参数见表 3-3。

表 3-3 划线机主要技术参数

项目	指标
轨距	5.0 m
轨长	11 m
最大划线速度(可调)	1.5~9 m/min
最大划线长度	11 000 mm
最大划线宽度	4 000 mm
划线精度	±1.5 mm
线条宽度	2 mm≤H≤4 mm
划笔升降高度	150 mm

(四)设备操作及注意事项

(1)接模台准备。按下输送线上移动模台键,将模板送到划线机下,备用。

（2）划线准备。本设备的操作有手动和自动两种功能。手动操作为自动操作的补充（补线、改线），也可用于临时划线或图形设计。自动划线为本设备常用及建议使用操作方式。

（3）按使用说明书指示，打开操作触摸屏。按照画面指示按下自动操作键，进入自动操作界面。按［1］键选择系统内部存储器；按［2］键选择系统外部存储器（U盘）；按"↑""↓"查找文件；按"调入"键调入需要的划线程序；按"图形"键确认调入当前程序，进入自动待划线形状；按"退出"键取消调入操作。

（4）打开压缩空气开关，对照生产指令，检查所选图形是否符合图纸要求。确认无误后，按下启动按钮，划线机自动回到零位（原点），开始按程序自动划线。操作完成后，设备自动回到零位（原点）。

（5）一切准备就绪，按下绿色按钮，划线机将按预定图形开始划线。

（6）在划线机工作时，一定要仔细观察喷头的工作状态，发现问题立即按暂停键停止运行，待排除故障后，按启动键恢复运行。

四、空中混凝土运输车

空中混凝土运输车如图3-4所示。

图3-4　空中混凝土运输车

（一）功能及组成

（1）功能：主要用于存放由搅拌站输送出来的混凝土，在特制轨道上走行并将混凝土转移到布料机中。

（2）组成：主要由钢结构支架、走行机构、料斗、液压系统、电气控制系统等几部分组成。

（二）设备特点

（1）空中走行、PLC 控制、遥控操作。

（2）变频电机驱动，运行平稳。

（3）料斗下开门采用特殊机械结构，开闭可靠。

（三）主要技术参数

运输料斗主要技术参数见表 3-4。

表 3-4 运输料斗主要技术参数

项目	指标
吊斗容量	>2.5 m³
总功率	3.7 kW
走行速度	1.5~30 m/min

（四）设备操作及注意事项

（1）每班第一次接料前，应将料仓内壁用水浇湿，以最大限度地减少内壁挂浆。

（2）每班收工前或班中接料间隔超过 60 min 时，应清洗料仓内壁，以避免内壁挂浆。

（3）因停电或设备故障致使料仓内砂浆存放时间超过 30 min 时，应立即启动手动液压泵站，打开卸料闸门，泄掉仓内砂浆，并清洗料仓内壁。

（4）操作人员安全注意事项。操作前：确认设备机电液压正常，运行区域无人员停留。操作中：观察设备启停运行状态，确保料斗走行下方无人员。操作后：每班作业后，确保切断电源，清理料斗。

（五）维修及保养

（1）机械零部件每年进行一次除锈、防锈保养。

（2）设备每月进行一次清洁维护。保持设备不被混凝土固化，以免损坏。

（3）停用一个月以上或封存时，应认真做好停用或封存前的保养工作，设备内、外都应擦洗干净，并采取预防风、沙、雨淋、水泡、锈蚀等措施。

五、混凝土布料机

混凝土布料机如图 3-5 所示。

图 3-5　混凝土布料机

（一）功能及组成

（1）功能：混凝土布料机适用于混凝土预制构件生产线，可以向模具中进行均匀定量的混凝土布料。

（2）组成：混凝土布料机由钢结构机架、X 向走行机构、Y 向走行机构、安全防护装置、升降系统、清洗设备、计量系统、液压系统、电控系统等组成。

（二）设备特点

（1）采用 PLC 程序控制，可实现料门的手动、预选、自动控制功能。走行速度、布料速度无级可调。

（2）布料机构的升降功能可以满足不同厚度构件的布料需求。

（3）布料机构的搅拌轴具有匀料的功能,还可防止物料在料仓内较长时间存放时出现凝结和离析。

（4）布料机构上的附着式振动电机,采用特殊的安装形式,可以使布料斗整面均匀振动,使破拱、下料效果更好。

（5）布料机设有液压系统,液压系统能快速启闭布料闸门,保证精准布料,同时防止余料掉落。在设备突然断电后,液压系统能手动应急打开料仓,将料仓内物料清除,保护设备。

（6）8个液压油缸分别控制8个闸门的开启与关闭,可根据布料宽度任意组合开闭。

（7）通过8个电机驱动的8根螺旋分料轴进行分料,送料量均匀平稳,各出料口出料量误差率≤10%。

（8）在螺旋布料轴被卡住前,自动反转;亦可点动控制,使螺旋轴反转,再排除故障。

（9）计量系统可随时显示料仓内混凝土的储量。

（三）主要技术参数

混凝土布料机技术参数见表3-5。

表 3-5　混凝土布料机技术参数

项目	指标
总功率	34.5 kW
大车走行速度	0~30 m/min(0~0.5 m/s)
大车走行功率	2×1.5 kW
小车走行速度	0~30 m/min(0~0.5 m/s)
小车走行功率	1.5 kW
布料螺旋转速	0~40 r/min
布料螺旋功率	8×1.5 kW
布料闸门个数	8 个
液压系统工作压力	>8 MPa
搅拌轴转速	20 r/min
液压站功率	4 kW

（四）设备操作及注意事项

1.具体操作

（1）启动。旋转操作控制器上的钥匙开关，接通操作控制器电源，左旋"油泵"旋钮至启动位置，启动液压系统，使液压系统压力恢复正常。

（2）对正输送料斗。点击操作控制柜窗口"归零.自动对位"键，进入"归零.自动对位"画面，长按"至接料位"键，使布料机自动对正接料位置。

（3）接料。布料机对正接料位置后，操作输送料斗遥控器打开仓门，开始放料。

（4）布料。根据布料宽度旋动对应落料门旋钮，打开仓门，开始布料，按操作面板上纵向（X向）按钮，根据落料状态，旋动调速旋钮，选择合适的走行速度，以及螺旋下料速度，以实现一次性布料均匀。

（5）清洗。每班收工前或班中接料间隔时间超过60 min时，应使用高压水枪清洗料仓内壁。

2.注意事项

（1）接料时打开布料机匀料轴，避免料坨住。

（2）清洗前，切记将清洗底板插销拔出，再打开全部料门，启动"清洗下降"旋钮。

六、混凝土振动台

混凝土振动台如图3-6所示

（一）功能及组成

（1）功能：主要用于将布料机浇筑的混凝土振捣密实，形成预制构件湿体。特别适用于50 mm以下薄板类预制构件。

（2）组成：主要由12个振捣单元、2个升降驱动、12个升降滚轮、纵横向运动机构、电气控制系统及液压系统等组成。

（二）设备特点

（1）采用12个独立的振捣单元，振捣力均匀。

（2）采用特殊结构的隔振垫，隔振效果好。

（3）采用12个独立的液压夹紧装置，夹紧力大，牢固可靠。

图3-6　混凝土振动台

（4）可实现垂直、纵向两个方向的自由振动。各振捣电机均可变频调速。

(三) 主要技术参数

混凝土振动台主要技术参数见表3-6。

表3-6　混凝土振动台主要技术参数

项目	指标
总功率	32.7 kW
纵横向振幅	±1 mm
振动频率	5~120 Hz 可调
升降辊道顶升力	200 kN
升降高度	40 mm
辊道驱动功率	2×1.5 kW

(四) 设备操作及注意事项

（1）接模台准备。当混凝土预制构件开始作业时，需要将已布好的钢筋模台送入螺旋布料机下。首先要升起滚轮及驱动装置，这时只需按下控制台上滚轮升起键,通过程序控制,即可完成滚轮及驱动装置自动到位。

(2)模台进入。滚轮及驱动装置升到位后,即可操纵控制台上驱动左(右)按钮,驱动模台由左(右)方向进入振动台工位。

(3)模台就位。模台进入振动台工位并对正后,为保证有效的振捣,必须将模台放在振动台上。这时只需按下控制台上滚轮下降键,通过程序控制,将滚轮及驱动装置自动回位,模台自然放到振动台上。

(4)模台夹紧。模台就位后,立即按下动控制台上模台夹紧按键,通过程序控制,自动完成模台夹紧动作。

(5)振捣。模台夹紧后,即可开始布料。布料结束后,首先使用手动操作,启动预振功能,以判断所布料是否满足要求。添加料后,启动振动程序,完成振捣作业,也可以选择自动模式,根据触摸屏设置自动完成三种振动模式的切换。

七、振捣搓平机

振捣搓平机如图 3-7 所示。

图 3-7　振捣搓平机

(一)功能及组成

(1)功能:主要用于将布料机浇筑的混凝土振捣并搓平,使混凝土表面平整。

(2)组成:主要由机架,纵横向走行机构、搓平机构、升降机构、振捣机构及电气控制系统等组成。

(二)设备特点

(1)采用双拉绳升降机构,其结构紧凑、安装方便,而且可以在规定行程范围内的任意位置停止。

(2)电机驱动搓平机构,能实现往复搓平。

(3)走行机构采用变频电机驱动,可以方便地随时调整走行速度。

(三)主要技术参数

振捣搓平机主要技术参数见表3-7。

表3-7 振捣搓平机主要技术参数

项目	指标
搓平升降行程	300 mm
搓平宽度	4 000 mm(可定制)
大车走行速度	1.5~30 m/min
小车走行速度	30 m/min
大车走行功率	2×1.5 kW
小车走行功率	0.75 kW
振动电机功率	2×0.75 kW

(四)设备操作及注意事项

(1)模台准备。当混凝土预制构件需要搓平作业时,将已振捣完成的混凝土预制构件连同模台一起送入搓平机下。首先要升起搓平机搓平装置,这时只需按下遥控器上搓平装置的升起键,即可完成搓平机搓平装置的升起到位动作。

(2)模台进入。当搓平机搓平装置起升到位后,即可操纵驱动线上操作盒驱动模台进入搓平机工位动作。

（3）模台就位。模台进入搓平机工位后，为保证有效搓平及振捣，必须将搓平装置放在边模上。按下遥控器上搓平装置下降键，待其落到边模上表面时即可停止按动。

（4）搓平机搓平。模台就位后，按下遥控器上启动键，搓平机搓平装置开始工作。当需要振捣"提浆"时，开启振捣电机开关即可。移动横纵向走行机构，即可对混凝土预制构件进行全长度搓平。

（5）模台送出。搓平完成后，升起或移开搓平机构，操纵驱动线上操作盒驱动模台进入下一个工位。

八、拉毛机

拉毛机如图 3-8 所示。

图 3-8　拉毛机

（一）功能及组成

（1）功能：主要用于对叠合板构件表面进行拉毛处理。

（2）组成：主要由机架、纵向升降机构、拉毛机构及电气控制系统等组成。

（二）设备特点

采用电动升降机构，其结构紧凑、操作方便。运用片式拉毛板，拉毛痕深，不伤骨料。

(三)主要技术参数

拉毛机主要技术参数见表3-8。

表3-8　拉毛机主要技术参数

项目	指标
拉毛宽度	>3 200 mm
提升最大行程	300 mm

(四)设备操作及注意事项

(1)模台准备。当混凝土预制构件需要拉毛作业时,先要放下拉毛装置,这时只需按下操作面板上拉毛装置下降键,即可完成拉毛机拉毛装置的下降到位动作。

(2)模台进入。当拉毛机拉毛装置下降到位后,即可操纵驱动线上操作盒驱动模台通过拉毛机工位。

(3)拉毛机拉毛。模台就位后,在驱动装置的驱动下,拉毛装置开始拉毛动作。可对混凝土上预制构件进行全长度拉毛,提高拉毛效果。

(4)模台送出。拉毛完成后,升起拉毛机构,操纵驱动线上操作盒驱动模台进入下一个工位。

九、预养护仓

预养护仓如图3-9所示。

(一)功能及组成

(1)功能:主要用于加快经振捣搓平后的预制构件湿板表面硬化速度,以提高生产效率。

(2)组成:主要由钢结构支架、保温板、蒸汽管道、气动系统、养护温控系统及电气控制系统等组成。

(二)设备特点

(1)通道内的工位自动连锁控制启动、停止。

(2)工艺参数温度可远程控制。

(3)具有实时温度的记录曲线和历史记录温度的

图 3-9　预养护仓

回放功能。

（三）主要技术参数

预养护仓主要技术参数见表 3-9。

表 3-9　预养护仓主要技术参数

项目	指标
最大通过宽度	4 500 mm
最大通过高度	1 000 mm
测温通道数	3 个
温度控制范围	室温至 55 ℃
温度控制精度	±2.5 ℃

（四）设备操作及注意事项

（1）开启、关闭预养护仓门。操作设在预养护仓门两端的操作盒上预养护仓门的开启（内侧蓝色）、关闭（内侧红色）按钮，即可开启、关闭预养护仓门。

（2）移动模台。操作设在预养护仓门两端的操作盒开启（绿色）、关闭（红色）按钮，即可完成预制板及模板的移动。

（3）温变的控制。通过操作设在养护仓处的控制柜上的相关画面，即可进行预养护仓所需温度的设定，预养护仓不需要湿度的设定。

十、抹光机

抹光机如图 3-10 所示。

图 3-10　抹光机

（一）功能及组成

（1）功能：主要用于内、外墙板外大间的抹光。

（2）组成：主要由钢支架，纵横向走行机构、抹光装置、提升机构、电气控制系统等组成。

（二）设备特点

（1）采用电动升降机构，其结构紧凑，操作方便，升降迅速。

（2）电机驱动的大、小车走行机构可使抹平头在水平面做纵、横向单向或复合移动作业。

（3）抹光叶片靠电液控制机械调整，定位准确。

（三）主要技术参数

抹光机主要技术参数见表 3-10。

表 3-10 抹光机主要技术参数

项目	指标
大、小车走行速度	10 m/min
抹光宽度	4 000 mm
抹盘最大转速	130 r/min
抹光升降行程	300 m
抹光机浮动幅度	±3 cm
总功率	4 kW

(四)设备操作及注意事项

(1)模台准备。当混凝土预制构件需要抹光作业时,先要升起抹光装置,这时只需按下操作悬臂或遥控器上抹光装置升起键,即可完成抹光装置的升起到位动作。

(2)模台进入。当抹光装置升起到位后,即可操纵驱动线上操作盒驱动模台通过抹光机工位。

(3)抹光机抹光:模台进入抹光机工位后,为保证高质量的抹光,必须将抹光装置放在边模上调平。这时只需按下抹光装置下降键,将抹光装置放在边模上。扳动"+""-"旋钮,即可完成抹光装置调平工作。

(4)抹光装置调平后,启动抹光头驱动装置,抹光装置开始抹光动作。移动横纵向走行机构,即可对混凝土预制构件进行全长度抹光,同时反复抹光,提高抹光效果。

(5)模台送出。抹光完成后,升起或移开抹光机构,操纵驱动线上操作盒驱动模台进入下一个工位。

十一、养护窑

养护窑如图 3-11 所示

图 3-11　养护窑

（一）功能及组成

（1）功能：通过立体存放，提高车间面积利用率。通过自动控制温度、湿度缩短混凝土构件养护时间，提高生产率。

（2）组成：主要由窑体、蒸汽管路系统、模板支撑系统、窑门装置、温控系统及电气控制系统等组成。

（二）设备特点

（1）窑体由模块化设计的钢框架组合而成，便于维修。

（2）窑体外墙用保温型材拼合而成，保温性能较好。

（3）每列构成独立的养护空间，可分别控制各孔位的温度。

（4）窑体底部设置地面辊道，便于模板通过。

（5）由 PLC 控制的温度、湿度传感系统可自行构成闭环的数字模拟控制系统。使窑内形成一个符合温度梯度要求的、无温度阶跃变化的温度环境。

（6）中央控制器采用工业级计算机，具有实时温度记录曲线或报表打印功能，同时还可以进行历史温度实时记录的回放等。

（三）主要技术参数

养护窑主要技术参数见表 3-11。

表 3-11　养护窑主要技术参数

项目	指标
控温通道数	8 个
控湿通道数	8 个
温度控制范围	室温至 85 ℃
温度控制精度	±2.5 ℃
湿度控制范围	环境湿度至 99%RH(相对湿度)
湿度控制精度	±3%RH(相对湿度)
最大电能消耗功率	1 kW
通过宽度	4 500 mm
通过高度	1 000 mm

(四)设备操作及注意事项

(1)养护窑门开启和关闭。操作码垛车的挑门装置,即可完成养护窑门开启和关闭动作。

(2)养护窑的存、取板。操作码垛车托架的移动、顶推装置,即可完成养护窑的存、取板动作。

十二、码垛车

码垛车如图 3-12 所示。

(一)功能及组成

(1)功能:主要是将振捣密实的构件带模具从模台输送线上取下,送至立体养护窑指定位置,或者将养护好的构件带模具从养护窑中取出送至回模台输送线上。

(2)组成:主要由走行系统、框架结构、提升系统、托板输送架、取/送模机构、抬门装置、纵向定位机构、横向定位机构、电气系统等组成。

图 3-12　码垛车

(二)设备特点

具有手动、自动两种控制模式,自动模式可任意设置动作循环。配合视频系统,可以远程操作,实现现场无人值守。

(三)主要技术参数

码垛车主要技术参数见表 3-12。

表 3-12　码垛车主要技术参数

项目	指标
设备总功率	65 kW
额定荷载	30 t
提升高度	4 000~8 000 mm
提升速度	10 m/min
横移速度	0~25 m/min
垂直定位精度	≤3 mm
水平定位精度	≤3 mm

(四)设备操作及注意事项

(1)码垛车具有本地和远程中控室两种操作形式,其中本地操作又有自动和手动两种模式。

(2)操作之前,需要在触摸屏上进行身份登录。

(3)动作流程:主要有码垛车接板、送板、存板、取板动作,每一个动作必然在前一个动作完成并得到确认后方可进行。

(4)自动模式下,只需选定需要操作的窑号或位置,点击"存板"或"取板"即可按照动作流程完成相应存板或取板命令。

(5)手动模式下,操作员务必牢记动作流程,按动作流程一步步进行,切不可心急越步,以免造成设备损坏和人员伤害。

(6)日常操作推荐使用自动模式,解决故障或应急使用时采用手动模式。

(7)自动模式下,存、取板动作一次完成后,相应的窑会被程序记忆为"有板"(红色)或"无板"(绿色)。手动模式下,完成操作后,要求操作员进入触屏界面进行设置确认,以免造成"有板""无板"显示假象。

(8)操作员可从触摸屏界面监控到目前执行的工作步骤和各个机构的状态,以及报警信息。

十三、翻板机

(一)功能及组成

(1)功能:主要是将已经养护完成,不能水平吊起或需要竖起运输的预制构件,在线翻起接近直立,竖直起吊。

(2)组成:主要由固定台座、翻转臂、托座、托板保护机构、电气控制系统、液压控制系统组成。

(二)设备特点

(1)采用液压托举系统,翻转平稳,无噪声。

(2)设有模板翻起自动锁紧装置,确保在任意位置模板均不能自由移动。

(3)为保证预制构件在翻起时不致下滑,设置了能够自动调整位置的构件托起装置。

（4）设有最高位自动保护装置,确保不会因误操作而翻过 90°。

（三）主要技术参数

翻板机主要技术参数见表 3-13。

表 3-13 翻板机主要技术参数

项目	指标
液压系统压力	16 MPa
油箱容量	200 L
电机功率	11 kW
翻转角度	70° ~ 85°
翻转力矩	106 kN·m
额定推力	2×190 kN
托力	140 kN

（四）设备操作及注意事项

（1）模台进入。翻板臂下降到位后,即可按驱动线操作程序操作输送线操作盒相应按钮,驱动模台由左(右)方向进入翻板机工位。

（2）模台夹紧。模台就位后,按控制台上翻板臂上升键,通过程序控制,翻板机自动完成模台夹紧动作。

（3）托架顶紧。模台夹紧后,按控制台上翻板托架抵紧键,将托架抵紧混凝土预制板。

（4）翻板模台夹紧后,即可开始翻板,再次按控制台上翻板臂上升键,顶升油缸顶起模台,模台缓步侧翻转至 70°~85°,完成翻板作业。

（5）混凝土预制板送出,模台回放。使用起吊工具将混凝土预制板吊出后,按控制台上翻板臂下降键,顶升油缸回落,到达水平位置时,通过程序控制,翻板机自动完成模台松开动作。

十四、滚轮输送线

滚轮输送线如图 3-13 所示。

图 3-13　滚轮输送线

（一）功能及组成

（1）功能：主要用于生产线的空模板及带混凝土构件制品模板的输送。

（2）组成：主要由滚轮支撑装置、变频调速摩擦驱动装置、电气控制系统组成。

（二）设备特点

（1）采用焊接式支撑滚轮，支撑力大，定位精度高。

（2）特殊材料的摩擦轮，摩擦系数大，传动力大。

（3）圆柱弹簧调整结构，调整方便，驱动平稳。

（4）单一工位操作盒，操作直观，安全性高。

（5）变频电机驱动，结构简单，可变速操作。

（三）主要技术参数

滚轮输送线主要技术参数见表 3-14。

表 3-14 滚轮输送线主要技术参数

项目	指标
滚轮高度	400 mm
滚轮间距	≤1 500 mm
运送速度	6~24 m/min
总功率	115 kW

十五、摆渡车

摆渡车如图 3-14 所示。

图 3-14 摆渡车

(一)功能及组成

(1)功能:主要用于线端板的横移。

(2)组成:主要由 2 个分体车和 1 套控制系统组成。每个分体由 1 个钢结构、1 套走行系统、1 套液压升降装置及 1 套定位装置组成。

(二)设备特点

(1)PLC 控制,伺服电机驱动,同步性好,同步精度高。

(2)液压顶升,模台升、降平稳,对构件损伤小。

（3）感应位置识别控制及感应式位置开关减速装置,使得定位更加准确。

（三）主要技术参数

摆渡车主要技术参数见表3-15。

表 3-15　摆渡车主要技术参数

项目	指标
起升高度	80~120 mm
起升力	102 kN
走行速度	1.5~30 m/min
走行电机功率	3.6 kW
升降功率	4.4 kW

十六、远程监视系统

远程监视系统如图3-15所示。

图 3-15　远程监视系统

（一）功能及组成

（1）功能:主要用于生产线运行过程的监视。

（2）组成:主要由视频采集(摄像头)、视频显示装置(显示屏)、中央处理系统(工业用计算机)组成。

(二)设备特点

全面掌握生产线运行全过程。事后可以对每一个动作进行复盘分析。

十七、模板智能管理系统

(一)功能及组成

(1)功能:主要用于预制构件的身份信息采集。

(2)组成:由信号采集装置(电磁感应器)、中央处理系统(工业用计算机)、"身份证"制作系统组成。

(二)设备特点

能全面掌握每一块构件的所有生产信息。

第二节 相关工装

一、生产工装系统

(一)模具

1.模具分类

1)按生产工艺分类

按生产工艺可分为:①生产线流转模台与板边模;②固定模台与构件模具;③立模模具;④预应力台模与边模。

2)按材质分类

模具按材质分有钢材、铝材、混凝土、超高性能混凝土、GRC、玻璃钢、塑料、硅胶、橡胶、木材、聚苯乙烯、石膏模具和以上材质组合的模具。

3)按构件类别分类

模具按构件类别分有柱、梁、柱梁组合、柱板组合、梁板组合、楼板、剪力墙外墙板、剪力墙内墙板、内隔墙板、外墙挂板、转角墙板、楼梯、阳台、飘窗空调台、挑檐板等。

4) 按构件出筋分类

模具按构件是否出筋分为:不出筋模具(封闭模)、出筋模具(半封闭模具)。

出筋模具包括一面出筋模具、两面出筋模具和三面出筋模具。

5) 按构件是否有饰面层分类

模具按构件是否有装饰面层分有无装饰面层模具、有装饰面层模具、有装饰面层模具包括反打石材、反打墙砖和水泥基装饰面层一体化模具。

6) 按模具周转次数分类

模具按周转次数分有长期模具(永久性,如模台等)、正常周转次数模具(50~200 次)、较少周转次数模具(2~50 次)、一次性模具。

2.主要模具介绍

1) 流水线工艺配套模具

(1)流转模台。由 U 形钢和钢板焊接组成,焊接设计应考虑模具在生产线上的振动,欧洲的模台表面经过研磨抛光处理,表面光洁度和表面平整度都能够达到较高水平,模台涂油质类涂料防止生锈。

(2)流水线边模。自动流水线上的磁性边模由 3 mm 钢板制作。自动化程度高的流水线边模采用磁性边模,自动化程度低的流水线采用螺栓固定边模。

(3)磁性边模。预制混凝土磁性边模由模板钢条和内嵌的磁性吸盘系统组成,钢模可以做成各种不同的尺寸,以适用于不同的混凝土构件边模。磁性边模非常适合全自动化作业,由自动控制的机械手组模,但对于边侧出筋较多且没有规律性的楼板与剪力墙板,磁性边模应用目前还有难度。

(4)螺栓固定边模。是将边模与流转模台用螺栓固定在一起,这与固定模台边模固定方法一样。

2) 固定台式工艺模具

固定台式工艺的模具包括固定模台、各种构件的边模和内模。固定模台作为构件的底模,边模为构件侧边和端部模具,内模为构件内的内肋或飘窗的模具。

（1）固定模台。由工字钢与钢板焊接而成,边模通过螺栓与固定模台连接,内模通过模具架与固定平台连接。

国内固定模台一般不经过研磨抛光,表面光洁度就是钢板出厂光洁度,平整度一般控制在 2 m±2 mm 的误差。

（2）固定模台边模:固定模台的边模有柱、梁构件边模和板式构件边模。柱、梁构件边模高度较高,板式构件边模高度较低。

柱、梁边模:柱、梁模由边模和固定模台组合而成,模台为底面模具,边模为构件侧边和端部模具。柱、梁边模一般用钢板制作,也有用钢板与型钢制作;没有出筋的边模也可用混凝土或超高性能混凝土制作。当边模高度较高时,宜用三角支架边模。

板边模:可由钢板、型钢、铝合金型材、混凝土等制作。最常用的边模为钢结构边模。

3) 独立模具

独立模具是指不用固定模台也不用在流水线上制作的模具,其特点是模具自身包括 5 个面,"自带"底板模,如图 3-16 所示。

图 3-16　阳台模具

之所以要设计独立模具,主要是构件本身有特殊要求。如柱子 4 个立面因装饰性都需要做成具有一样光洁度的模具面,而不能有抹光面,就必须用独立立模;再如有些构件造型复杂,在固定模台上组模反倒麻烦,就不如用独立模具。

独立模具包括以下几种:

(1)立式柱。

(2)楼梯应用立模较多,自带底板模。楼梯立模一般为钢结构,也可以做成混凝土模具。

(3)梁的 U 形模具。带有角度的梁可以将侧板与底板做成一体,形成 U 形。

(4)带底板模的柱子模具。

(5)造型复杂构件的模具,如半圆柱、V 形墙板等。

(6)剪力墙独立立模。

4)预应力构件模具

预应力 PC 楼板在长线台座上制作,钢制台座为底模,钢制边模通过螺栓与台座固定。板肋模具即内模也是钢制,用龙门架固定。

预应力楼板为定型产品,模具在工艺设计和生产线制作时就已经定型,构件制作过程不需要再进行模具设计。

3.模具的要求

1)《预制装配整体式钢筋混凝土结构技术规范》的要求

预制构件模具除应满足承载力、刚度和整体稳定性要求外,尚应符合下列规定:

(1)应满足预制构件质量、生产工艺、模具组装与拆卸、周转次数等要求。

(2)应满足预制构件预留孔洞、插筋、预埋件的安装定位要求。

(3)预应力构件的模具应根据设计要求预设反拱。

2)《装配式混凝土建筑技术标准》的要求

模具应具有足够的强度、刚度和整体稳固性,并应符合下列规定:

(1)模具应装拆方便,并应满足预制构件质量、生产工艺和周转次数等要求。

(2)结构造型复杂、外观有特殊要求的模具应制作样板,经检验合格后方可批量制作。

（3）模具各部件之间应连接牢固，接缝应张紧，附带的埋件或工装应定位准确，安装牢固。

（4）用作底膜的台座、胎膜、地坪及铺设的底板应平整光洁，不得有下沉、裂缝、起砂和起鼓。

（5）模具应保持清洁，涂刷脱模剂、表面缓凝剂时应均匀、无漏刷、无堆积，且不得污染钢筋，不得影响预制构件外观效果。

（6）应定期检查侧模、预埋件和预留孔洞定位措施的有效性；应采取防止模具变形和锈蚀的措施；重新启用的模具应检验合格后方可使用。

（7）模具与平模台间的螺栓、定位销、磁盒等固定方式应可靠，防止混凝土振捣成型时造成模具偏移和漏浆。

（二）振捣工具

1.振捣工具介绍

1）插入式振动器

插入式振动器多用于振压厚度较大的混凝土层，如桥墩、桥台基础以及基桩等。它的优点是质量轻，移动方便，使用很广泛。

2）平板式振动器

平板式振动器是一种现代建筑中用以混凝土捣实和表面振实，浇筑混凝土、墙、主梁、次梁及预制构件等的设备。平板振动器具有激振频率高、激振力大、振幅小的特点，能使混凝土流动性、可塑性增加，构件密实度提高，成型快、施工质量可大幅度提高。

3）流水线振动台

流水线振动台是一种利用电动、电液压、压电或其他原理获得机械振动的装置，通过水平和垂直振动平台可以上下、左右、前后运动，从而保证混凝土密实，噪声控制在 75 dB 以内。

2.振动器使用及保养

1）插入式振动器

（1）混凝土振动器应设专人负责保管，保管者必须具备一定的关于混凝土振动器的安全技术知识，必须对振动器进行认真的维护保养和定期检查修理。

(2)混凝土振动器电源接线必须正确,电动机转向必须与标记一致,各部绝缘必须良好,电机绝缘电阻必须大于 0.5 MΩ,一定要有可靠保护接地,并必须安设漏电保护开关。

(3)使用前必须对各部进行认真检查,看振动器各部连接是否牢固,导线、电机、振动棒(或振动板)是否完好,确认均无问题后,才能送电开始使用。

(4)操作者必须懂得安全使用混凝土振动器的方法,不懂者不能使用,操作者必须戴绝缘手套和穿绝缘鞋。

(5)振动器使用时先要试运转,确认无问题后,才能正式使用。对插入式振动器,若电机旋转,软轴转动,而振动棒不起振,可摇晃棒或将棒体轻轻磕地,即可起振。

(6)使用插入式振动器,应由两人操作,一人掌握电机和开关,振动棒与电动机的连接必须牢固,不得用振动棒橡胶软管拖着电动机移动,而掌握电机者应主动随振捣者送进。为不损坏软轴,软管弯曲半径不小于 500 mm,且不能多于两个弯。

(7)使用插入式振捣器振捣时,振动棒要自然地沉入和拔出混凝土,不能用力硬插、硬拔或斜推。勿使用振捣棒的棒体(及振动子)撞碰钢筋或模板等硬物,也不能用棒体去撬拔钢筋等。棒体插入混凝土中,振捣时须将振动棒上下抽动,以保证振捣均匀,每处振捣的时间必须恰当,既要防止振捣不实,又要防止过振后下层的石子与水泥砂浆离析,影响混凝土的质量。一般当被振捣的混凝土表面已经平坦,无显著塌陷现象,并有水泥砂浆出现,则表明已经振实,可将振动棒提换位置。

(8)振动器在运转时,绝对不允许进行调整和检修。当使用中发现异常,需要调整和检修时,必须断开电机开关并拉下电闸,确认无电后,才能操作。

2)平板式振动器

(1)附着式、平板式振动器轴承不应承受轴向力。在使用时,电动机轴承应保持水平状态。

(2)在一个模板上同时使用多台附着式振动器时,各振动器的频率应保持一致,相对面的振动器应错开安装。

（3）作业前,应对附着式振动器进行检查和试振。试振不得在干硬土或硬质物体上进行。安装在搅拌站料仓上的平板式振动器应安置橡胶垫。

（4）安装时,附着式振动器底板安装螺栓孔的位置应正确,应防止地脚螺栓安装扭斜而使振动器机壳受损。地脚螺栓应紧固,各螺栓的紧固度应一致。

（5）使用平板式振动器时引出电缆线不得拉得过紧,更不得断裂。作业时,应随时观察电气设备的漏电保护器和接地或接零装置,并确认和格。

（6）附着式振动器安装在混凝土模板上,每次振动时间不应超过 1 min,当混凝土在模内呈翻浆流动或水平状态即可停振,不得在混凝土初凝状态时再振。

（7）装置振动器的构件模板应坚固牢靠,其面积应与振动器额定振动面积相当。

（8）平板式振动器作业时,应使平板与混凝土保持接触,使振波有效地振实混凝土。待表面出浆,不再下沉后,即可缓慢向前移动,移动速度应能保证混凝土振实出浆。正在工作的振动器,不得搁置在已凝或初凝的混凝土上。

二、测量工装

（一）钢卷尺

卷尺主要由尺壳、尺条、制动、尺钩、提带、尺簧、防摔保护套和贴标八个部件构成,是企业日常生产中最常用的量具,鲁班尺、风水尺、文公尺同样属于钢卷尺。钢卷尺（见图 3-17）是建筑和装修工程中必需的工具。

（二）塞尺

塞尺（见图 3-18）是一种测量工具,主要用于间隙间距的测量,是由一组具有不同厚度级差的薄钢片组成的量规。除公制外,也有英制的塞尺。

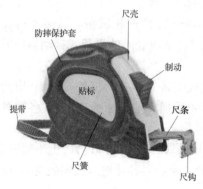

图 3-17　钢卷尺

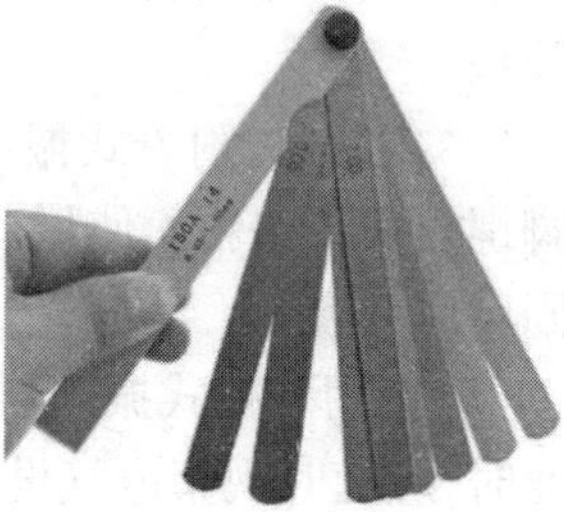

图 3-18　塞尺

（三）游标卡尺

游标卡尺（见图 3-19）是一种测量长度、内外径、深度的量具。游标卡尺由主尺和附在主尺上能滑动的游标两部分构成。主尺一般以毫米为单位，而游标上则有 10、20 或 50 个分格，根据分格的不同，游标卡尺可分为 10 分度游标卡尺、20 分度游标卡尺、50 分度游标卡尺等。游标为 10 分度的有 9 mm，20 分度的有 19 mm，50 分度的有 49 mm。游标卡尺的主尺和游标上有两副活动量爪，分别是内测量爪和外测量爪，内测量爪通常用来测量内径，外测量爪通常用来测量长度和外径。

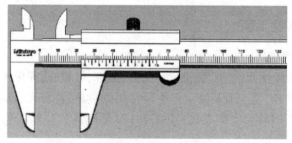

图 3-19　游标卡尺

（四）水平尺

水平尺（见图 3-20）是利用液面水平的原理，以水准泡直接显示角位移，测量被测表面相对水平位置、铅垂位置、倾斜位置偏离程度的一种计量器具。这种水平尺既能用于短距离测量，又能用于远距离测量，也解决了现有水平仪只能在开阔地测量，狭窄地方测量难的缺点，且测量精确、造价低、携带方便、经济适用。

图 3-20　水平尺

（五）保护层测厚仪

保护层测厚仪（见图 3-21）采用电磁感应法检测混凝土结构或构件中钢筋位置、保护层厚度及钢筋直径或探测钢筋数量、走向及分布；还可以对非磁性和非导电介质中的磁性体及导电体进行探测，如墙体内的电缆、水暖管道的检测。

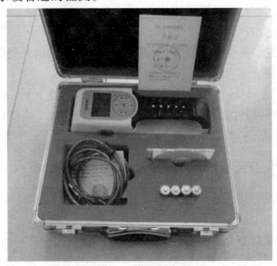

图 3-21　保护层测厚仪

(六)回弹仪

回弹仪(见图3-22)的基本原理是用弹簧驱动重锤,重锤以恒定的动能撞击与混凝土表面垂直接触的弹击杆,使局部混凝土发生变形并吸收一部分能量,另一部分能量转化为重锤的反弹动能,当反弹动能全部转化成势能时,重锤反弹达到最大距离,仪器将重锤的最大反弹距离以回弹值(最大反弹距离与弹簧初始长度之比)的名义显示出来。

三、常用安装固定工装

(一)磁盒

磁盒(见图3-23)利用强磁芯与钢模台的吸附力,通过导杆传递至不锈钢外壳上,用卡口横向定位,同时用高硬度可调节紧固螺丝产生强下压力,直接或通过其他紧固件传递压力,从而将模具牢牢地固定于模台上。

图3-22　回弹仪

磁盒内置耐高温永强磁芯,外配导杆连接、不锈钢外壳保护。

(二)磁座

磁座(见图3-24)主要由可被旋动的矩形磁性元件、两磁性轭铁组,以及位于两磁性轭铁组间的上、下非磁性块构成。广泛应用于机床表座、机台灯座、平面磨床工件固定座等。

四、起吊工装系统

(一)吊具

1.吊钩

吊钩如图3-25所示。

图 3-23 磁盒

图 3-24 磁座

图 3-25 吊钩

主要用途:借助于滑轮组等部件悬挂在起升机构的钢丝绳上,是起重机械中最常见的一种吊具体。

控制要求:吊钩应有制造厂的合格证书,表面应光滑,不得有裂纹、划痕、刨裂、锐角等现象存在,否则严禁使用。吊钩应每年检查一次,不合格者应停止使用。

2.横吊梁

横吊梁如图 3-26 所示。

主要用途:适用于预制外墙板、预制内墙板、预制楼梯、预制 PCF

图 3-26　横吊梁

板、预制阳台板、预制阳台挂板、预制女儿墙板等构件的起吊。

控制要求：

（1）由 H 型钢焊接而成，吊梁长度 3.5 m，自重 120~230 kg，额定荷载 2.5~10 t，额定荷载下挠度 11.3~14.6 mm，吊梁竖直高度 H 为 2 m。

（2）下方设置专用吊钩，用于悬挂吊索。

3.倒链（手拉葫芦）

倒链如图 3-27 所示。

图 3-27　倒链

主要用途：一种使用简易、携带方便的手动起重机械。

控制要求:起重量一般不超过 100 t。

4.钢丝绳

钢丝绳(见图 3-28)是将力学性能和几何尺寸符合要求的钢丝按照一定的规则捻制在一起的螺旋状钢丝束。钢丝绳由钢丝、绳芯及润滑脂组成。钢丝绳是先由多层钢丝捻成股,再以绳芯为中心,由一定数量股捻绕成螺旋状的绳,在物料搬运机械中,供提升、牵引、拉紧和承载之用。钢丝绳强度高、自重轻、工作平稳、不易骤然整根折断,工作可靠。

图 3-28　钢丝绳

5.钢丝吊索

吊机或吊物主体与被吊物体之间的连接件称为吊索或吊具。金属吊索(具)主要有钢丝吊索(见图 3-29)类、链条吊索类、吊装带吊索、卸扣类、吊钩类、吊(夹)钳类、磁性吊具类等。

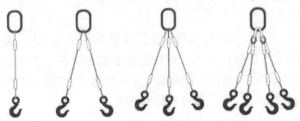

图 3-29　钢丝吊索

6.吊装带

吊装带(合成纤维吊装带,见图 3-30),一般采用高强力聚酯长丝制作,具有强度高、耐磨损、抗氧化、抗紫外线等多重优点,同时质地柔软,不导电,无腐蚀(对人体无任何伤害),被广泛应用在各个领域。吊装带的种类很多,常规吊装带(按吊带外观)分为四类:环形穿芯、环形扁平、双眼穿芯、双眼扁平。

7.卡环

卡环(见图 3-31)是一种吊装时的固定工具,能够将吊装物件固定到钢丝绳上。

图 3-30　吊装带

图 3-31　卡环

8.新型锁具(接驳器)

新型锁具(见图 3-32)就是在地下连续墙钢筋施工的同时,根据以后地下结构楼板的标高要求,为以后地下连续墙和楼板整体连接而预埋在地下连续墙钢筋笼上的接驳件。接驳器的形式为钢管内螺纹式。

(二)起重设备

1.千斤顶

千斤顶(见图 3-33)是指用刚性顶举件作为工作装置,通过顶部托座或底部托爪的小行程内顶开重物的轻小起重设备。千斤顶主要用于厂矿、交通运输等部门作为车辆修理及其他起重、支撑等工作。其结构轻巧坚固、灵活可靠,一人即可携带和操作。

图 3-32 新型锁具

图 3-33 千斤顶

2.龙门吊车

龙门吊车(见图 3-34)是桥式起重机的一种变形,又叫门式起重机。主要用于室外货场、料场的货、散货的装卸作业。它的金属结构像门形框架,承载主梁下安装两条支脚,可以直接在地面的轨道上行走,主梁两端可以具有外伸悬臂梁。门式起重机具有场地利用率高、作业范围大、适应面广、通用性强等特点,在港口货场得到广泛使用。

图 3-34 龙门吊车

五、运输工装系统

(一)平板运输车

平板运输车(见图 3-35)又名为工程机械运输车、平板车、低平板运输车,主要用于运输一些像挖掘机、装载机、收割机一样的不可拆卸物体。平板运输车是生活中常见的大型载重货车,这种车一般被广泛用于工厂、工地等大型生产或工程所在地,平板运输车的承重能力强的特点使其在经济发展过程中起了重要作用。

图 3-35 平板运输车

(二)随车吊吊车

随车吊吊车(见图 3-36)全称随车起重运输车,是一种通过液压举升及伸缩系统来实现货物的升降、回转、吊运的设备,通常装配在载货汽车上。一般由载货汽车底盘、货厢、取力器、吊机组成。吊机按吊机类型分为直臂式和折臂式,按吨位分为 2 t、3.2 t、5 t、6.3 t、8 t、10 t、12 t、16 t、20 t。

(三)汽车吊

汽车吊(见图 3-37)是装在普通汽车底盘或特制汽车底盘上的一种起重机,其行驶驾驶室与起重操纵室分开设置。这种起重机的优点是机动性好,转移迅速。缺点是工作时须支腿,不能负荷行驶,也不适合在松软或泥泞的场地上工作。

图 3-36　随车吊吊车

图 3-37　汽车吊

（四）叉车

叉车（见图 3-38）是工业搬运车辆，是指对成件托盘货物进行装卸、堆垛和短距离运输作业的各种轮式搬运车辆。常用于仓储大型物件的运输，通常使用燃油机或者电池驱动。

叉车的技术参数是用来表明叉车的结构特征和工作性能的。主要技术参数有：额定起重量、载荷中心距、最大起升高度、门架倾角、最大行驶速度、最小转弯半径、最小离地间隙，以及轴距、轮距等。

图 3-38　叉车

(五)支架

主要用途:运输构件时提供支撑作用。

控制要求:具有足够的承载能力、刚度与尺寸。

第四章 预制构件生产

第一节 构件制作流程介绍

预制混凝土构件生产制作需要根据预制构件形状及数量选择移动式模台或固定式模台。移动式模台生产方式充分利用机械化设备代替人工完成构件生产,如清扫机、喷油机、布料机、码垛机等,最终在立体养护窑里进行养护,所以生产效率比较高。但是立体养护窑受厂房高度限制,而且要结合生产节拍留有足够多的养护仓位,所以对构件厚度会有限制。在满足上述条件下移动式模台生产的预制构件厚度最大为 400 mm。固定式模台生产方式与传统预制

构件成品展示
一夹心外墙板

构件生产没有本质区别,各工序主要依靠手工操作,所以生产效率相对较低。但是固定式模台生产方式对产品种类没有限制,可以生产所有类型的产品。各构件生产工艺流程如图 4-1~图 4-4 所示。

预制构件按照产品种类有预制外墙板、内墙板、叠合板、楼梯板、阳台板、梁和柱等。无论哪种形式的预制构件,其生产主流程都基本相同,包括模具清扫与组装、钢筋加工安装及预埋件安装、混凝土浇筑及表面处理、养护、脱模、存储、标识、运输。

构件成品展示
一叠合板

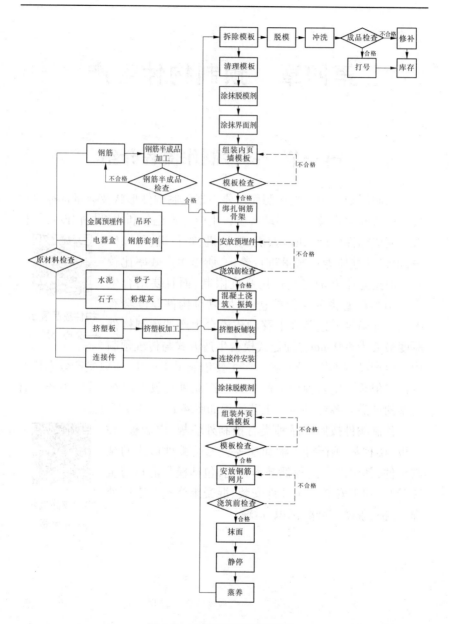

图 4-1 外墙板正打工艺流程

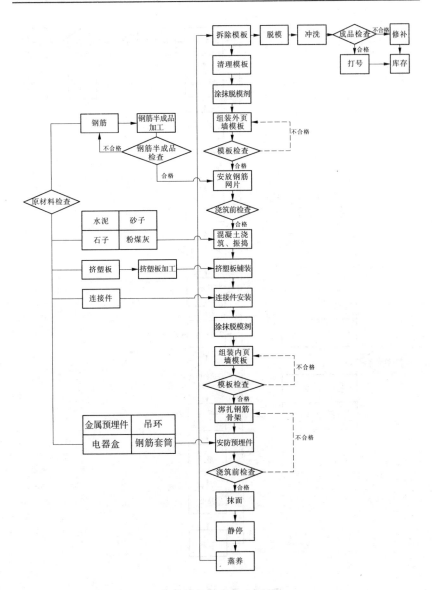

图 4-2　外墙板反打工艺流程

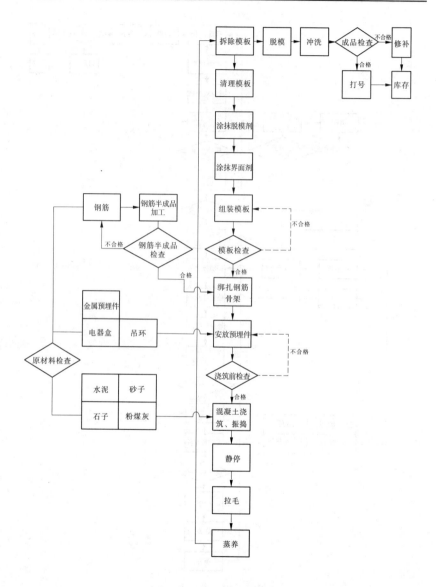

图 4-3　叠合板工艺流程

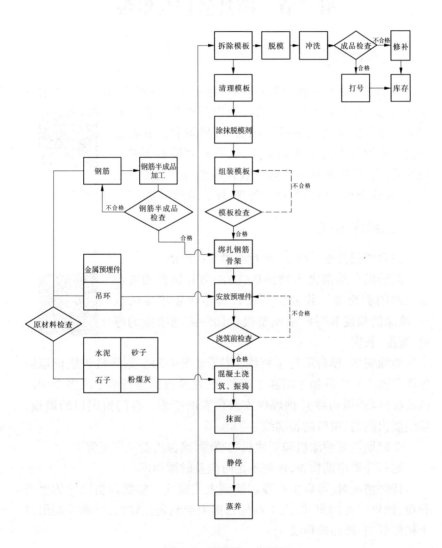

图 4-4　楼梯板工艺流程

第二节　模具清扫与组装

一、底模清扫

驱动装置驱动底模至清理工位,清扫机大件挡板挡住大块的混凝土块,防止大块混凝土进入清理机内部损坏设备。立式旋清电机组对底面进行精细清理,把附着在底板表面的小块混凝土残余清理干净,风刀对底模表面进行最终清理。清洗机底部废料回收箱收集清理的混凝土废渣,并输送到车间外部存放处理,模具清理需要人工进行清理。

二、喷涂划线

模台清扫打磨干净后,运行至喷涂机位前。

随着模台端部进入喷涂机,喷油嘴开始自动进行隔离剂的雾化喷涂作业。可通过调整作业喷嘴的数量、喷涂的角度和时间来调整模台面隔离剂喷涂的厚度、宽度、长度。

喷涂完毕,模台运行至划线工位(见图4-5)。划线机识别读取数据库内输入的构件加工图和生产数量,在模台面进行单个或多个构件的轮廓线(模板边线)、预埋件安装位置的喷绘。有门窗洞口的墙板,应绘制出门洞、窗口的轮廓线。

要定期清理喷涂机和划线机的喷嘴,确保机器工作正常。

储料斗要定期检查,油料不足时应及时添加。

特殊情况时,可将生产线切换到人工模式。根据预制构件的生产数量、构件的几何尺寸,人工在模台面上绘制定位轴线,进而绘制出每个构件的内、外侧模板线。

三、模具清理

(1)用钢丝球或刮板将内腔残留混凝土及其他杂物清理干净,使

图 4-5　喷涂划线

用压缩空气将模具内腔吹干净,以用手擦拭手上无浮灰为准。

(2)所有模具拼接处均用刮板清理干净,保证无杂物残留。确保组模时无尺寸偏差。

(3)清理模具各基准面边沿,利于抹面时保证厚度要求。

(4)清理模具工装,保证工装无残留混凝土。

(5)清理模具外腔,并涂油保养。

(6)清理下来的混凝土残灰要及时收集到指定的垃圾桶内。

四、组模

(1)组模前检查清模是否到位,如发现模具清理不干净,不得进行组模。

(2)组模时应仔细检查模板是否有损坏、缺件现象,损坏、缺件的模板应及时维修或者更换。

(3)选择正确型号的侧板进行拼装,拼装时不许漏放紧固螺栓或磁盒。在拼接部位要粘贴密封胶条,密封胶条粘贴要平直,无间断,无褶皱,胶条不应在构件转角处搭接。

(4)各部位螺丝拧紧,模具拼接部位不得有间隙,确保模具所有尺寸偏差控制在误差范围以内。

五、涂刷脱模剂、粗糙剂

(一)涂刷脱模剂

脱模剂可以采用涂刷或者喷涂方式。

(1)涂刷脱模剂前检查模具清理是否干净。

(2)脱模剂必须采用水性脱模剂,且需时刻保证抹布(或海绵)及脱模剂干净无污染。

(3)用干净抹布蘸取脱模剂,拧至不自然下滴为宜,均匀涂抹在底模和模具内腔,保证无漏涂。

(4)涂刷脱模剂后的模具表面不允许有明显痕迹。

(5)驱动装置驱动底模至刷脱模剂工位,喷油机的喷油管对底模表面进行脱模剂喷洒,抹光器对底模表面进行扫抹,使脱模剂均匀地涂在底板表面。喷涂机采用高压超细雾化喷嘴,实现均匀喷涂隔离剂,隔离剂厚度、喷涂范围可以通过调整喷嘴的参与作业的数量、喷涂角度及模台运行速度来调整。

(二)涂刷粗糙剂

(1)需涂刷粗糙剂的模具应在绑扎钢筋笼之前涂刷,严禁粗糙剂涂刷到钢筋笼上。

(2)粗糙剂涂刷之前保证模具干净,无浮灰。

(3)粗糙剂涂刷工具为毛刷,严禁使用其他工具。

(4)涂刷粗糙剂必须涂刷均匀,严禁有流淌、堆积的现象。涂刷完的模具要求涂刷面水平向上放置,20 min 后方可使用。

(5)涂刷厚度不少于 2 mm,且需涂刷 2 次,2 次涂刷时间的间隔不少于 20 min。

六、模具固定

驱动装置将完成划线工序的底模驱动至模具组装工位,模板内表面要手工刷涂脱模剂;同时,绑扎完毕的钢筋笼也吊运到此工位,作业人员在模台上进行钢筋笼及模板组模作业,模板在模台上的位置以预先划好的线条为基准进行调整,并进行尺寸校核,确保组模后的位置准确。航车将模具连同钢筋骨架吊运至组模工位,以划线位置为基准控制线安装模具(含门、窗洞口模具)。模具(含门、窗洞口模具)、钢筋骨架对照划线位置微调整,控制模具组装尺寸。模具与底模紧固,下边模和底模用紧固螺栓连接固定,上边模靠花篮螺栓连接固定。模具与底模紧固,左右侧模和窗口模具采用磁盒固定。

第三节　钢筋加工及(成型)安装

一、钢筋调直、剪切、半成品加工、套丝

(一)钢筋调直

(1)采用钢筋调直机调直冷拔低碳钢丝和细钢筋时,要根据钢筋的直径选用调直模和传送压辊,并要正确掌握调直模的偏移量和压辊的压紧程度。

(2)采用冷拉方法拉直钢筋时的调直冷拉率:Ⅰ级钢筋不宜大于4%,Ⅱ、Ⅲ级钢筋不宜大于1%。对不准采用冷拉钢筋的结构,钢筋调直冷拉率不得大于1%。

(3)经调直的钢筋应平直,无局部曲折。冷拔低碳钢丝经调直机调直后,其表面不得有明显擦伤,抗拉强度不得低于设计要求。

(二)钢筋剪切

(1)钢筋切断下料应以钢筋配料单为依据,钢筋配料单应计算出各种钢筋的下料长度。钢筋下料长度中应按设计要求考虑搭接连接时的搭接长度、焊接连接时的焊接余量以及机械连接时钢筋端头的加工长度。具体的要求见相关工艺标准。

(2)钢筋切断一般采用钢筋切断机或手动液压切断机进行。将同规格钢筋根据不同长度长短搭配,统筹排料,一般应先断长料,后断短料,减少断头,减少损耗。

(3)检查、调整切断机刀片的间隙在 0.5~1 mm,并应随时检查刀口是否锋利,测量好要切断钢筋的长度,先切一根,检查尺寸无误后,固定好尺寸挡板,再成批切断。切断时要随时复查切断尺寸有无超出允

许偏差,并及时调整切断尺寸挡板;断料时应避免用短尺量长料,防止断料过程中产生累积误差。

(4)在切断过程中,如发现钢筋有劈裂、缩头或严重的弯头等,必须切除。当发现钢筋的硬度与该钢种有较大的出入时,应及时向有关人员反映,查明原因。

(5)钢筋的断口不得有马蹄形或起弯等现象,钢筋的长度应力求准确,其允许偏差为±10 mm。钢筋调直一般采用钢筋调直机进行,对局部弯曲可采用人工调直。

(三)钢筋半成品加工

(1)钢筋表面的铁锈,应在使用前清除干净。带有颗粒状或片状老锈的钢筋不得使用。

(2)钢筋表面的铁锈,仅影响闪光对焊接头的质量时,在对焊以前,必须用电动除锈机将钢筋端头150 mm范围内的铁锈清除干净。

(3)钢筋表面的铁锈,仅影响点焊焊点的质量时,在点焊以前,必须用电动除锈机将钢筋表面的铁锈全部清除干净。

(4)经过弯曲成型后端头有钩的钢筋,不得在电动除锈机上除锈。

(5)钢筋因弯曲或弯钩会使其外包尺寸发生变化,在配料时不能直接根据设计图纸中的尺寸下料,必须了解对混凝土保护层、钢筋弯曲、弯钩等的规定,再根据图中尺寸计算出其下料长度。各种钢筋下料长度如下:

①直钢筋下料长度=构件长度-保护层厚度+弯钩增加值。

②弯起钢筋下料长度=直段长度+斜段长度-弯曲调整值+弯钩增加长度。

③箍筋下料长度=箍筋周长+箍筋调整值。钢筋弯曲调整值、钢筋弯钩增加长度见表4-1、表4-2。

表4-1　钢筋弯曲调整值

钢筋弯曲角度	30°	45°	60°	90°	135°
钢筋弯曲调整值	$0.3d$	$0.5d$	$1d$	$2d$	$3d$

注:d为钢筋直径。

表 4-2　钢筋弯钩增加长度

钢筋弯钩角度	90°	135°	180°
钢筋弯钩增加长度	0.3d+5d	0.7d+10d	4.25d

注:d 为钢筋直径。

（6）受力钢筋的弯钩弯折应符合下列规定:钢筋弯制严格按大样图控制成型质量。钢筋弯钩严格按标准执行,成型钢筋外观无污染、无翘曲不平现象并分类堆放整齐。钢筋弯制过程中,如发现钢材脆断、过硬、回弹或对焊处开裂等现象,应及时查出原因正确处理。钢筋的弯制和末端的弯钩应符合设计要求。当设计无要求时,应符合下列规定:

①所有受拉热轧光圆钢筋的末端应做成 180° 的半圆形弯钩,弯钩的弯曲直径 d_m 不得小于 2.5d,钩端应留有不小于 3d 的直线段（见图 4-6）。

②受拉热轧带肋（月牙肋、等高肋）钢筋的末端应采用直角形弯钩,钩端的直线段长度不应小于 3d,直钩的弯曲直径 d_m 不得小于 5d（见图 4-7）。

③弯起钢筋应弯成平滑的曲线,其曲率半径不宜小于钢筋直径的 10 倍（光圆钢筋）或 12 倍（带肋钢筋）（见图 4-8）。

④使用光圆钢筋制成的箍筋,其末端应有弯钩（半圆形、直角形或斜弯钩）（见图 4-9）;弯钩的弯曲内直径应大于受力钢筋直径,且不应小于箍筋直径的 2.5 倍;弯钩平直部分的长度一般为:一般结构不宜小于箍筋直径的 5 倍,有抗震要求的结构不应小于箍筋直径的 10 倍。

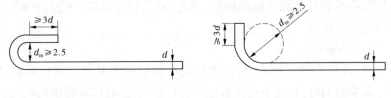

图 4-6　半圆形弯钩　　　　　图 4-7　直角形弯钩

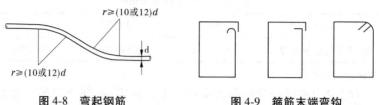

图 4-8　弯起钢筋　　　　　图 4-9　箍筋末端弯钩

(7)除焊接封闭式箍筋外,箍筋的末端应做弯钩,弯钩形式应符合设计要求。当设计无具体要求时,应符合下列规定:

①箍筋弯钩的弯弧内直径除满足有关规定外,尚不应小于受力钢筋直径。

②箍筋的弯折角度:对于一般结构,不应小于 90°,对于有抗震要求的结构,应为 135°。

③箍筋弯后平直段长度:对于一般结构,不宜小于箍筋直径的 5 倍,对于有抗震要求的结构,不宜小于箍筋直径的 10 倍。

(四)钢筋套丝加工

1.钢筋

(1)钢筋的级别、直径必须符合设计要求及国家标

准《钢筋混凝土用热轧带肋钢筋》(GB 1499.2—2007)及《钢筋混凝土用余热处理钢筋》(GB 13014—91)的要求,应有出厂质量证明(材质单)及进场复试报告。

(2)钢筋端部应用无齿锯切割平直,不得用钢筋切断机进行切断。任何影响钢筋插入和连接的铁锈、油污、砂浆以及马蹄、飞边、毛刺,应予以清除和修磨。

2.连接套筒

(1)连接套筒选用 45 号优质碳素结构钢或经其他型式检验确认符合要求的钢材,套筒表面应有生产批号标识,并有厂家提供的产品合格证,合格证内容应包括适用钢筋直径和接头性能等级、套筒类型、生产单位、生产日期以及可追溯产品原材料力学性能和加工质量的生产批号。

（2）滚压直螺纹接头连接用套筒的规格与尺寸见表 4-3。

表 4-3　滚压直螺纹接头连接用套筒的规格与尺寸

钢筋直径 （mm）	螺纹直径 （mm）	套筒外径 （mm）	套筒长度 （mm）
16	M16.5×2	25	45
18	M19×2.5	29	55
20	M21×2.5	31	60
22	M23×2.5	33	65
25	M26×3	39	70
28	M29×3	44	80

连接套筒应分类包装存放，不得混淆和锈蚀。

3.施工工艺

1）工艺流程

钢筋下料→钢筋套丝→接头单体试件试验→钢筋连接→质量检查。

2）钢筋下料

钢筋下料时，端头应预留出 30 mm 用无齿锯进行切割，口端面要与钢筋轴线垂直，端面要平整，不得有马蹄形或扭曲，钢筋部不得有弯曲，出现弯曲时应进行调直。需要注意的是：接头处钢筋端部不得用钢筋切断机进行切断，更不得用气割进行下料，必须采用无齿锯进行切割。

4.钢筋套丝

（1）套丝机必须用水溶性切削冷却润滑液，当气温低于零度时，应掺入 15%～20% 的亚硝酸钠，不得用机油润滑。

（2）钢筋丝头的牙形、螺距必须与连接套的牙形、螺距相吻合，有效丝扣内的秃牙部分累计长度不大于一扣周长的 1/2。

（3）直辊式丝头加工尺寸应符合表 4-4 的规定。

表 4-4　直辊式丝头加工尺寸

规格 （mm）	螺纹尺寸 （mm）	丝头长度 （mm）	完整丝扣 圈数
16	M16.5×2	22.5	≥7
18	M19×2.5	27.5	≥8
20	M21×2.5	30	≥8
22	M23×2.5	32.5	≥9
25	M26×3	35	≥9
28	M29×3	40	≥10

（4）检查合格的丝头应立即将其一端拧上塑料保护帽，另一端拧上连接套，并按规格分类堆放整齐待用。

（5）连接套筒规格与钢筋规格必须一致，丝扣应干净、完好无损。

（6）接之前应检查钢筋螺纹及连接套螺纹是否完好无损，钢筋丝头上如发现杂物或锈蚀，可用钢丝刷清除。

（7）所用工具为扭力扳手或管钳，两钢筋丝头在套筒中间位置相互顶紧。拧紧力矩见表 4-5，扭力扳手的精度为 ±5%。

表 4-5　连接钢筋拧紧力矩值

钢筋直径（mm）	≤16	18~20	22~25	28~32	36~40
拧紧力矩（N·m）	100	200	260	320	360

（8）连接水平钢筋时，必须从一头往另一头依次连接，不得从两头往中间或中间往两端连接。

（9）结构构件中纵向受力钢筋的接头宜相互错开 35d 且不小于 500 mm。

同一连接区段内钢筋接头面积百分率不大于 50%。

二、钢筋骨架制作

（1）绑扎或焊接钢筋骨架前应仔细核对进料尺寸及设计图纸。

(2)保证所有纵筋、箍筋及水平分布筋的保护层厚度、外漏尺寸及间距。

(3)边缘构件范围内的纵向钢筋依次穿过的箍筋,从上往下箍筋要与主筋垂直,箍筋转角与主筋交点处采用兜扣法全数绑扎。主筋与箍筋非转角处的相交点成梅花式交错绑扎,绑扎要相互呈八字形,绑扎接头应伸向柱中,箍筋135°弯钩水平平直段满足10d要求。最后绑扎拉筋,拉筋应钩住主筋。箍筋弯钩叠合处沿主筋交错布置,并绑扎牢固。边缘构件底部箍筋与纵向钢筋绑扎间距要求加密,兜扣和八字扣绑扎见图4-10、图4-11。

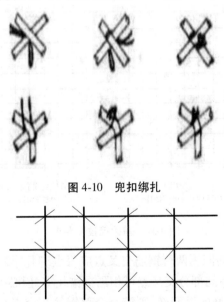

图4-10　兜扣绑扎

图4-11　八字扣绑扎

(4)剪力墙钢筋绑扎。

①放2~4根竖筋,在竖筋上画好水平筋分档标志,在下部及上部绑扎两根横筋定位,并在横筋上画好竖筋分档标志,接着绑扎其余竖筋,最后绑扎其余横筋。横筋在竖筋里面或外面应符合设计要求。

②剪力墙筋应逐点绑扎,双排钢筋之间应绑扎拉筋或支撑筋,其纵

横间距不大于 600 mm,钢筋外皮绑扎垫块或用塑料卡。

③剪力墙与框架柱连接处,剪力墙的水平横筋应锚固到框架柱内,其锚固长度要符合设计要求。如先浇筑柱混凝土后绑剪力墙筋时,柱内要预留连接筋或柱内预埋铁件,待柱拆模绑墙筋时作为连接用。其预留长度应符合设计或规范的规定。

④剪力墙水平筋在两端头、转角、十字节点、连梁等部位的锚固长度以及洞口周围加固筋等,均应符合设计、抗震要求。门窗洞口加强筋位置尺寸不符合要求:应在绑扎前根据洞口边线将加强筋位置调整。剪力墙拉筋要求按图 4-12 布置,参见 11G101-1。

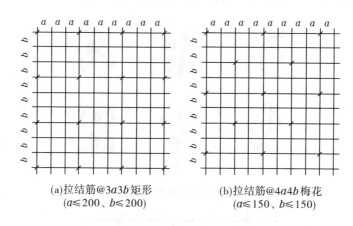

(a)拉结筋@3a3b 矩形
(a≤200、b≤200)

(b)拉结筋@4a4b 梅花
(a≤150、b≤150)

图 4-12　剪力墙拉筋要求

(5)叠合板的四周两行钢筋交叉点应每点绑扎牢。外漏钢筋长度符合规范要求,中间部分交叉点可相隔交错扎牢,但必须保证受力钢筋不位移。双向主筋的钢筋网,则需全部钢筋相交点扎牢。相邻绑扎点的钢丝扣成八字形,以免风片歪斜变形。大底板采用双层钢筋网时,在上层钢筋网下面应设置钢筋撑脚或混凝土撑脚,以保证钢筋位置正确,钢筋撑脚下应垫在下层钢筋网上。叠合板中遇到洞口时钢筋构造见图 4-13、图 4-14。

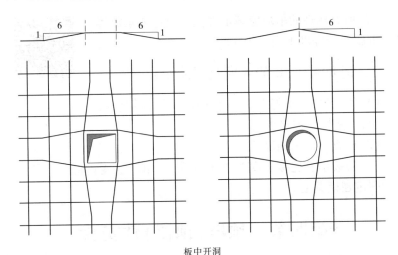

板中开洞

图 4-13　矩形洞口边长和圆形洞口直径不大于 300 mm 时钢筋构造

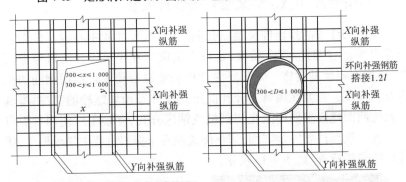

图 4-14　矩形洞口边长和圆形洞口直径大于 300 mm

小于或等于 1 000 mm 时钢筋构造　（单位：mm）

（6）楼梯钢筋绑扎保证主筋及分布筋的间距、保护层厚度，根据设计图纸主筋、分布筋的方向，先绑扎主筋后绑扎分布筋，每个交叉点均应绑扎，相邻绑扎点的铁丝扣要成"八"字形，以免网片变形歪斜。如有楼梯梁，先绑扎梁筋再绑扎板筋，板筋要锚固到梁内，底板筋绑扎完毕后再绑扎负筋。

（7）所有构件的吊环应满足规范及设计要求放置，埋入混凝土的深度不应小于30d。

三、钢筋网片、骨架入模及埋件安装

（1）钢筋网片、骨架经检查合格后，吊入模具并调整好位置，垫好保护层垫块。

（2）检查外漏钢筋尺寸及位置。

（3）安装钢筋连接套筒和进出浆管，并用固定装置将套筒及进出浆管固定在模具上。

第四节　预埋（预留）件安装

一、吊装件、电盒、灌浆套筒等埋件安装

预制构件中的预埋件及预留孔洞的形状、尺寸和中心线定位偏差非常重要，生产时应逐个检验，定位方法应当在模具设计阶段考虑周全，增加固定辅助设施。尤其要注意控制灌浆套筒及连接用钢筋的位置及垂直度。需要在模具上开孔固定预埋件及预埋螺栓的，应由模具厂家按照图样要求使用激光切割机或钻床开孔，严禁工厂使用气焊自行开孔。预埋件要固定牢固，防止浇筑混凝土振捣过程中松动偏位，质检员要专项检查，如图4-15所示。

图4-15　吊装件、电盒、灌浆套筒等埋件安装

驱动装置将完成模具组装工序的底模驱动至预埋件安装工位,按照图纸的要求,将连接套筒固定在模板及钢筋笼上;利用磁性底座将套筒软管固定在模台表面;将简易工装连同预埋件(主要指斜支撑固定埋件、固定现浇混凝土模板埋件)安装在模具上,利用磁性底座将预埋件与底模固定并安装锚筋,完成后拆除简易工装;安装水电盒、穿线管、门窗口防腐木块等预埋件,固定在模具上的套筒、螺栓、预埋件和预留孔洞应按构件模板图进行配置,且应安装牢固,不得遗漏,允许偏差及检验方法应满足要求。

灌浆套筒安装要点:

(1)套筒、波纹管的数量和位置要确保正确。

(2)套筒与受力钢筋连接,钢筋要伸入套筒定位销处;套筒另一端与模具上的定位螺栓连接牢固。

(3)将灌浆软管一端安装固定在套筒上;另一端利用磁性底座(或者工装)完成套筒软管安装固定在底模上,确保整齐度。

(4)要保证套筒、波纹管位置精度,方向垂直。

(5)保证注浆口、出浆口方向正确;如需要导管引出,与导管接口应严密牢固,导管定牢固。

(6)与钢筋绑扎连接时注浆口、出浆口做临时封堵。

二、保温板及连接件安装

(一)保温板半成品加工及安装

驱动装置驱动完成混凝土一次浇筑和振捣工序的底模至保温板安装工位,将加工好的保温板按布置图中的编号依次安放好,使保温板与混凝土充分接触、连接紧密(见图4-16)。

(1)保温板切割应按照构件的外形尺寸、特点,合理、精准地下料。

(2)所有通过保温板的预留孔洞均要在挤塑板加工时,留出相应的预留孔位。

图 4-16 保温板安装

（3）保证在混凝土初凝前完成安装保温板，使保温板与混凝土粘贴牢固。

（4）保温板安装完成后检查整体平整度，有凹凸不平的地方需及时处理。

（5）拼装时不允许错台，外叶墙与保温板的总厚度不允许超过侧模高度。

（6）保温板找平或调整位置时，使用橡胶锤敲打，如有需要站在保温板作业的时候，必须戴鞋套，避免弄脏挤塑板。

保温板半成品加工满足表 4-6 要求。

表 4-6　保温板半成品加工要求

项目	尺寸要求	检查方法
保温板拼块尺寸	±2 mm	钢尺
预留孔洞尺寸	中心线±3 mm,孔洞大小 0～+5 mm	钢尺

（二）安装连接件

驱动装置驱动完成外叶墙钢筋网片安装工序的底模驱动至连接件安装工位，将连接件通过挤塑板预先加工好的通孔插入到混凝土中，确保混凝土对连接件握裹严实，连接件的数量及位置根据图纸工艺要求，保证位置的偏差在要求的范围内（见图 4-17）。

（1）连接件与孔之间的空隙使用发泡胶封堵严实。

（2）在预留孔处安装连接件，保证安装后的连接件竖直、插到位。

图 4-17　连接件安装

（3）连接件安装完成后再次整体振捣，以保证连接件与混凝土锚固牢固。

第五节　混凝土布料与振捣

一、混凝土浇筑及振捣时的要点

（1）人工通过操作布料机前后左右移动来完成混凝土的浇筑，混凝土浇筑量通过人工计算或者经验来控制。

（2）驱动装置将完成套筒和预埋件安装工序的底模驱动至振动平台并锁紧底模，中央控制室控制搅拌站开始搅拌混凝土，完成搅拌后下料至混凝土运输小车，小车通过空中轨道运行至布料机上方并向布料机投料，布料机扫描到基准点开始自动布料，布料完成后振动平台开始工作，至混凝土表面无明显气泡时停止工作并松开底模。

（3）浇筑振捣时的要点：

①浇筑前检查混凝土坍落度是否符合要求，要料时不准超过理论用量的 2%，混凝土应均匀连续从模具一端开始，投料高度不宜超过 500 mm。

②浇筑振捣时尽量避开埋件处，以免碰偏埋件。

③采用人工振捣方式，振捣至混凝土表面无明显下沉、无气泡溢出，以保证混凝土表面水平，无突出石子。

④浇筑时控制混凝土厚度，在达到设计要求时停止下料。

二、振动搓平

驱动装置将完成混凝土浇筑及振捣工序的底模驱动至赶平工位，振动赶平机开始工作，振捣赶平机对混凝土表面进行振捣，在振捣的同时对混凝土表面进行刮平（见图 4-18）；根据表面的质量及平整度等状况调整振捣刮平机的相关运转参数。

图 4-18　振动搓平

第六节　混凝土养护

一、概述

养护是保证混凝土质量的重要环节，对混凝土的强度、抗冻性、耐久性有很大的影响。混凝土养护有三种方式：常温、蒸汽和养护剂养护。预制混凝土构件一般采用蒸汽（或加温）养护。蒸汽（或加温）养护可以缩短养护时间，快速脱模，提高效率，减少模具和生产设施的投入。

二、预养护

驱动装置将完成赶平工序的底模驱动至预养窑，通过蒸汽管道散发的热量对混凝土进行蒸养，获得初始结构强度以及达到构件表面搓平压光的要求。利用蒸汽管道散发的热量及直接通入预养窑的蒸汽获得所需的窑内温度;窑内温度实现自动监控、蒸汽通断自动控制,窑内温度控制在 30~35 ℃范围内,最高温度不超过 40 ℃。

三、抹面——机器抹面和人工抹面要点

(一)抹光机抹面

驱动装置将完成预养工序的底模驱动至抹面工位,抹面机开始工作,并确保平整度及光洁度符合构件质量要求。抹光机抹面见图4-19。

图4-19　抹光机抹面

(二)人工混凝土抹面要点

(1)先使用刮杠将混凝土表面刮平,确保混凝土厚度不超出模具上沿。

(2)用塑料抹子粗抹,做到表面基本平整,无外漏石子,外表面无凹凸现象,四周侧板的上沿(基准面)要清理干净,避免边沿超厚或有毛边。此步完成之后需静停不少于 1 h 的时间再进行下次抹面。

(3)将所有埋件的工装拆掉,并及时清理干净,整齐地摆放到指定位置。

(4)使用铁抹子找平,特别注意埋件、线盒及外露线管四周的平整度,边沿的混凝土如果高出模具上沿,要及时压平,保证边沿不超厚并无毛边,此道工序需将表面平整度控制在 3 mm 以内,此步完成需静停 2 h。

(5)使用铁抹子对混凝土上表面进行压光,保证表面无裂纹、无气泡、无杂质、无杂物,表面平整光洁,不允许有凹凸现象。此步应使用靠尺边测量边找平,保证上表面平整度在 3 mm 以内。

四、养护窑蒸汽养护、固定模台养护

（一）蒸汽养护的基本要求

(1)采用蒸汽养护时,应分为静养、升温、恒温和降温四个阶段。

(2)静养时间根据外界温度一般为 2~3 h。

(3)升温速度宜为每小时 10~20 ℃。

(4)降温速度不宜超过每小时 10 ℃。

(5)柱、梁等较厚的预制构件养护最高温度宜控制在 40 ℃,楼板、墙板等较薄的构件养护最高温度应控制在 60 ℃以下,持续时间不小于 4 h。

(6)当构件表面温度与外界温差不大于 20 ℃时,方可拆除养护措施脱模。

（二）固定模台的蒸汽养护要点

(1)抹面之后、蒸养之前需静停,静停时间以用手按压无压痕为标准。

(2)用干净塑料布覆盖混凝土表面,再用帆布将墙板模具整体盖住,保证气密性,之后方可通蒸汽进行蒸养。

(3)温度控制:控制最高温度不高于 60 ℃,升温速度 15 ℃/h,恒温不高于 60 ℃,时间不小于 6 h,降温速度 10 ℃/h。

(4)温度测量频次:同一批蒸养的构件每小时测量一次。

第七节　预制构件脱模和起吊

一、拆模控制要点

码垛机将完成养护工序的构件连同底模从养护窑里取出,并送入拆模工位,用专用工具松开模板紧固螺栓、磁盒等,利用起重机完成模

板输送,并对边模和门窗口模板进行清洁。

拆模控制要点:

(1)拆模之前需做同条件试块的抗压试验,试验结果达到 20 MPa 以上方可拆模。

(2)用电动扳手拆卸侧模的紧固螺栓,打开磁盒磁性开关后将磁盒拆卸,确保拆卸完全后将边模平行向外移出,防止边模在此过程中变形。

(3)将拆下的边模由两人抬起轻放到边模清扫区,并送至钢筋骨架绑扎区域。

(4)拆卸下来的所有工装、螺栓、各种零件等必须放到指定位置。

(5)模具拆卸完毕后,将底模周围的卫生打扫干净。

二、脱模

(1)脱模时间。PC 构件脱模起吊时混凝土强度应达到设计图样和规范要求的脱模强度,且不宜小于 20 MPa。构件强度依据实验室同批次、同条件养护的混凝土试块抗压强度。

(2)起吊之前,检查吊具及钢丝绳是否存在安全隐患,如有问题,不允许使用,应及时上报。

(3)检查吊点、吊耳及起吊用的工装等是否存在安全隐患(尤其是焊接位置是否存在裂缝)。吊耳工装上的螺栓要拧紧。将吊具与构件吊环连接固定,起吊指挥人员要与吊车配合好,保证构件平稳,不允许发生磕碰。

(4)吊索长度的实际设置应保证吊索与水平面夹角不小于 45°,以 60° 为宜;且保证各根吊索长度与角度一致,不出现偏心受力情况。

(5)起吊后的构件放到指定的构件冲洗区域,下方垫 300 mm×300 mm 木方,保证构件平稳,不允许磕碰。

(6)起吊工具、工装、钢丝绳等使用过后要存放到指定位置,妥善保管,不允许丢失。出现丢失情况由起吊班组自行承担。

三、翻转、起吊、冲洗粗糙面、转运

（1）驱动装置驱动预制构件连同底模至翻转工位,底模平稳后液压缸将底模缓慢顶起,最后通过航车将构件运至成品运输小车(见图4-20)。

图4-20　翻转、起吊、冲洗粗糙面、转运

（2）对设计要求模具面的粗糙面进行处理:

①应在脱模后立即处理。

②将未凝固水泥浆面层洗刷掉,露出骨料。

③粗糙面表面应坚实,不能留有酥松颗粒。

④防止水对构件表面形成污染。

第八节　构件存储与运输

一、构件存储

（1）预制构件应按规格、型号、使用部位、吊装顺序分别设置存放场地(见图4-21),存放场地应设置在塔吊(吊车)有效工作范围内。

（2）预制构件应按吊装、存放的受力特征选择卡具、索具、托架等吊装和固定措施,并应符合下列要求:

①构件存放时,最下层构件应垫实;预埋吊环宜向上,标识向外。

图 4-21 构件储存

②柱、梁等细长构件存储宜平放,采用两条垫木支撑。

③每层构件间的垫木或垫块应在同一垂直线上。

④楼板、阳台板构件存储宜平放,采用专用存放架或木垫块支撑,叠放存储不宜超过 6 层。

⑤外墙板、楼梯宜采用托架立放,上部两点支撑。

(3)构件脱模后,在吊装、存放、运输过程中应对产品进行保护,并符合下列要求:

①木垫块表面应覆盖塑料薄膜防止污染构件。

②外墙门框、窗框和带外装饰材料的表面宜采用塑料贴膜或者其他防护措施。

③钢筋连接套管、预埋螺栓孔应采取封堵措施。

二、构件运输

(1)预制混凝土构件运输宜选用低平板车,并采用专用托架,构件与托架绑扎牢固。

(2)预制混凝土梁、楼板、阳台板宜采用平放运输、外墙板宜采用竖直立放运输;柱可采用平放运输,当采用立放运输时应防止倾覆。

(3)预制混凝土梁、柱构件运输时平放不宜超过 2 层。

(4)搬运托架、车箱板和预制混凝土构件间应放入柔性材料,构件应用钢丝绳或夹具与托架绑扎,构件边角或连锁接触部位的混凝土应采用柔性垫衬材料保护。

第九节　典型性构件制作介绍

建筑保温与结构及外墙面装饰一体化技术,即保温材料与主体维护结构墙体融为一体,墙体结构与保温材料形成复合保温墙体、外墙面装饰一次成型,从而实现建筑围护结构节能、装饰的工作目标。下面以结构保温装饰一体化外墙为例,介绍其制作过程。

一、工艺介绍

结构保温装饰一体化外墙由装饰层、外叶墙、保温层、内叶墙4层构造组成,其中内叶墙和外叶墙一般为钢筋混凝土材质,保温层通常为挤塑聚苯绝热板(XPS)、外装饰层通常为瓷砖、石材、雕刻饰面等,内外页层之间通过纤维复合材料特制的保温拉接件复合在一起、装饰层通过瓷砖和石材反打技术、特制模具印刻技术的预制混凝土外墙板。

二、工艺流程

装饰层施工→外叶墙施工→保温层施工→内页墙施工。

装饰层施工(以石材反打工艺为例):石材准备→安装爪钉→防碱处理→石材拼铺→接缝处理。

外页墙施工:模板支设→放置钢筋网片或骨架→保温连接件预埋→浇筑混凝土。

保温层施工:保温板铺设→放置保温连接件。

内叶墙施工:模板支设→放置钢筋网片或骨架→预埋线管→浇筑混凝土→振动赶平→收光→养护→拆模→冲洗→起吊等。

三、操作流程

(一)装饰层施工(以石材反打工艺为例)

石材反打制作工艺如图4-22所示,装饰面一次成型图片展示如图4-23所示。

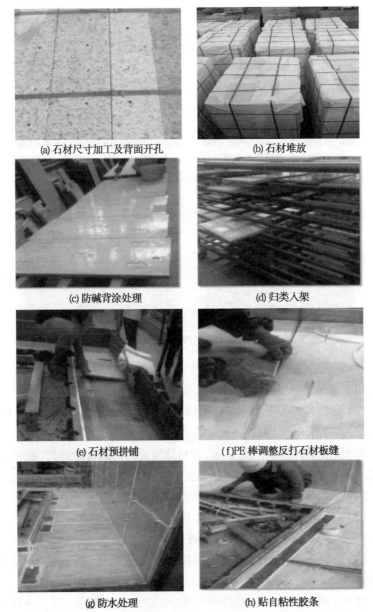

(a) 石材尺寸加工及背面开孔　　　(b) 石材堆放

(c) 防碱背涂处理　　　(d) 归类入架

(e) 石材预拼铺　　　(f)PE棒调整反打石材板缝

(g) 防水处理　　　(h) 贴自粘性胶条

图 4-22　石材反打制作工艺(装饰面一次成型)

(a) 预制构件石材饰面成品　　　(b) 预制构件 MCM（软瓷砖）饰面成品

(c) 预制构件雕刻饰面（八骏图）成品

图 4-23　装饰面一次成型图片展示

（1）按石材排版图进行石材尺寸加工及背面开孔。

（2）石材进厂按各编号 PC 构件石材成捆堆放，要求堆放整齐并做好标识，防止错用、混用。

（3）安装爪钉，孔内注嵌固胶，石材背面进行防碱背涂处理，要求涂刷均匀。石材背面进行防碱背涂处理后，放置在通风条件好的地方晾干。

（4）按各 PC 构件编号归类入架，防止错用、混用。

（5）按照设计尺寸和石材拼装方案进行石材预拼铺。

（6）利用 PE 棒调整反打石材板缝，缝宽要求 5 mm。

（7）石材背面接缝处采用硅酮胶进行防水处理，目的是防止浇捣 PC 构件混凝土过程中漏浆及后期石材面出现渗水现象。

（8）清理固定窗框下模具的灰尘，并贴自粘性胶条，防止浇筑 PC 构件漏浆。

(二)外页墙、保温层施工

外页墙、保温层施工如图4-24所示。

(a) 保温板、连接件、外页墙钢筋安装　　(b) 外页墙混凝土自动布料

图 4-24　外页墙、保温墙施工

（1）边模处设置外页墙板混凝土、保温板、内页墙板混凝土的厚度标记，然后放置外页墙钢筋网片和保温预埋连接件、浇筑外页墙混凝土，使用震动拖板等工具使外页墙混凝土表面呈平整状态。

（2）铺设保温板。保温板尺寸要提前裁剪好并按铺设顺序编号，保温板上要按照图纸要求在设计位置上放置保温连接件，保温板铺装时应紧密排列、保温连接件要放置正确、连接牢固。

(三)内页墙施工

内页墙制作工艺如图4-25所示。

(a) 振捣收面　　　　　　　　(b) 水洗粗糙面

图 4-25　内页墙制作工艺

（1）放置内页墙模具，模具清理干净，用螺栓和磁盒固定牢固，正

确涂刷脱模剂和水洗剂。

（2）放置内页墙钢筋骨架，按照图纸要求核对钢筋位置、品种、级别、规格和数量，上层钢筋采用垫块和吊挂结合方式，确保钢筋保护层满足设计要求。

（3）按照图纸设计将内页墙上预埋物件预埋位置准确、固定牢固。

（4）浇筑内页墙板混凝土，浇筑时应避免振动器触及保温板和连接件。

（5）震动赶平机将内页墙表面震动赶平，注意保护构件表面预埋件不被破坏。

（6）收面压光，构件先在预养护室内达到收面条件，经手工工艺将表面压光。

（7）养护，压光后覆盖养护薄膜，进入标准养护仓内养护。

（8）构件养护强度达到 20 MPa 以上时开始脱模，脱模要避免破坏构件棱角。

（9）冲洗，构件吊运至构件冲洗区用高压水枪冲洗至表面符合要求。

（10）冲洗后合格构件可起吊转运至堆场存放。

第五章　构件质量控制

第一节　过程检查与验收

一、制作过程检验程序

（1）组模、涂刷脱模剂（或粗糙面缓凝剂）、钢筋制作、钢筋安装、套筒安装、预埋件安装等环节，必须检验合格（需要拍照或做隐蔽工程验收记录的必须完成拍照和隐蔽工程验收记录的签署）后才能进行下道工序；下一道工序作业指令须经质检员同意并签字后方可以下达。

（2）PC 制作各个作业环节的工作票（或计件统计）由质检员签字确认。

（3）混凝土试块达到脱模强度，实验室须通过书面或网络（如微信）给出脱模指令，作业班组才可以脱模。

二、模板检查与验收

（一）模具组装前的检查

根据生产计划合理加工和选取模具，所有模具必须清理干净，不得存有铁锈、油污及混凝土残渣。模具变形量超过规定要求的模具一律不得使用，使用中的模板应当定期检查，并做好检查记录。

模具允许偏差及检验方法见表 5-1。

（二）刷隔离剂

隔离剂使用前确保隔离剂在有效使用期内，必须涂刷均匀。

（三）模具组装、检查

组装模具前，应在模具拼接处粘贴双面胶，或者在组装后打密封胶，防止在混凝土浇筑振捣过程中漏浆。侧模与底模、顶模与侧模组装

表 5-1　模具允许偏差及检验方法

项次	检验项目及内容		允许偏差（mm）	检验方法
1	长度	≤6 m	1，-2	用钢尺量测平行构件高度方向，取其中偏差绝对值较大处
		>6 m 且 ≤12 m	2，-4	
		>12 m	3，-5	
2	截面尺寸	墙板	1，-2	用钢尺量测两端或中部，取其中偏差绝对值较大处
3		其他构件	2，-4	
4	对角线差		3	用钢尺量测纵、横两个方向对角线
5	侧向弯曲		$L/1\,500$ 且 ≤5	拉线，用钢尺量测侧向弯曲最大处
6	翘曲		$L/1\,500$	对角拉线测量交点间距离值的两倍
7	底模表面平整度		2	用 2 m 靠尺和塞尺量
8	组装缝隙		1	用塞卡或塞尺量
9	端模与侧模高低差		1	用钢尺量

注：L 为模具与混凝土接触面中最长边的尺寸。

后必须在同一平面内，不得出现错台。

　　组装后校对模具内的几何尺寸，并拉对角校核，然后使用磁力盒或螺丝进行紧固。使用磁力盒固定模具时，一定要将磁力盒底部杂物清除干净，且必须将螺丝有效地压到模具上。

　　模具组装允许误差及检验方法见表 5-2。

表 5-2　模具组装允许误差及检验方法

检验项目及内容			允许偏差（mm）	检验方法
长度	≤6 m		1，-2	用钢尺量测平行构件高度方向，取其中偏差绝对值较大处
	>6 m 且≤12 m		2，-4	
	>12 m		3，-5	
截面尺寸	墙，板	宽	1，-2	用钢尺量测两端或中部，取其中偏差绝对值较大处
		厚	0，-2	
	其他构件		2，-4	
对角线差			3	用钢尺量测纵、横两个方向的对角线
底模表面平整度			2	用 2 m 靠尺和塞尺量
端模与侧模高低差			1	用塞片和塞尺量
组装缝隙			1	用塞片和塞尺量
侧向弯曲			$L/1\,500$ 且≤5	拉线，用钢尺量测侧向弯曲最大处
翘曲			$L/1\,500$	对角拉线量测交点间距离值的两倍

注：L 为模具与混凝土接触面中最长边的尺寸。

三、钢筋半成品及成品检查与验收

（一）钢筋下料

钢筋下料必须严格按照设计及下料单要求制作，制作过程中应当定期、定量检查。对于不符合设计要求及超过允许偏差的一律不得绑扎，按废料处理。

钢筋加工允许偏差见表 5-3。

表 5-3　钢筋加工允许偏差

项　目	允许偏差（mm）
受力钢筋顺长度方向全长净尺寸	±10
弯起钢筋的弯折位置	±20
箍筋内径净尺寸	±5

（二）钢筋加工

纵向钢筋（带灌浆套筒）及需要套丝的钢筋，不得使用切断机下料，必须保证钢筋两端平整，套丝长度、丝距及角度必须严格满足设计图纸要求，纵向钢筋及梁底部纵筋（直螺纹套筒连接）套丝应符合规范要求。

套丝机应当指定专人且有经验的工人操作，质检人员不定期进行抽检

（三）钢筋丝头加工质量检查

钢筋丝头加工质量检查的内容包括：

（1）钢筋端平头。平头的目的是让钢筋端面与母材轴线方向垂直，采用砂轮切割机或其他专用切断设备，严禁气焊切割。

（2）丝头加工长度为标准型套筒长度的 1/2，其公差为 +2P（P 为螺距）。

（3）丝头质量检验：操作工人应按要求检查丝头的加工质量，每加工 10 个丝头用通环规、止环规检查一次。

（4）经自检合格的丝头，应通知质检员随机抽样进行检验，以一个工作班内生产的丝头为一个验收批，随机抽检 10%，且不得少于 10 个，并填写钢筋丝头检验记录表。

当合格率小于 95% 时，应加倍抽检，复检总合格率仍小于 95% 时，应对全部钢筋丝头逐个进行检验，切去不合格丝头，查明原因并解决后重新加工螺纹。

（四）钢筋绑扎质量检查

（1）尺寸、弯折角度不符合设计要求的钢筋不得绑扎。

（2）钢筋安装绑扎的允许偏差及检验方法见表5-4。

表5-4　钢筋安装绑扎的允许偏差及检验方法

项目		允许偏差（mm）	检验方法
绑扎钢筋网	长、宽	±5	钢尺检查
	网眼尺寸	±10	钢尺量连续三挡，取最大值
焊接钢筋网	长、宽	±5	钢尺检查
	网眼尺寸	±10	钢尺检查
	对角线差	5	钢尺或测距仪测量两个对角线
	端头不齐	5	钢尺检查
钢筋骨架（桁架筋）	长	±10	钢尺检查
	宽	±5	钢尺检查
	高	0，−5	钢尺检查
	主筋间距	±10	钢尺量连续三挡，取最大值
	主筋排距	±5	钢尺量连续三挡，取最大值
	弯起点位移	15	钢尺检查
	箍筋间距	±10	钢尺量连续三挡，取最大值
	端头不齐	5	钢尺检查

注：1.检查预埋件中心线位置时，应沿纵、横两个方向进行量测，并取其中的最大值。

2.表中梁类、板类构件上部纵向受力钢筋保护层厚度的合格点率应达到90%及以上，且不得有超过表中数值1.5倍的尺寸偏差。

四、预埋件与预留洞口检查与验收

（一）预埋件加工与制作

预埋件的材料、品种应符合构件制作图中的要求。

各种预埋件进场前要求供应商出具合格证和质保单，并对产品外观、尺寸、强度、防火性能、耐高温性能等指标进行检验。

预埋件加工允许偏差见表5-5。

表5-5　预埋件加工允许偏差

项次	检验项目及内容		允许偏差（mm）	检验方法
1	预埋钢板边长		0，−5	用钢尺量
2	预埋钢板平整度		1	用直尺和塞尺量
3	锚筋	长度	10，−5	用钢尺量
		间距偏差	±10	用钢尺量

（二）模具预留孔中心位置

模具预留孔中心位置的允许偏差见表5-6。

表5-6　模具预留孔中心位置的允许偏差

项次	检验项目及内容	允许偏差（mm）	检验方法
1	预埋件、插筋、吊环、预留孔洞中心线位置	3	用钢尺量
2	预埋螺栓、螺母中心线位置	2	用钢尺量
3	灌浆套筒中心线位置	3	用钢尺量

注：检查中心线位置时，应沿纵、横两个方向测量，并取其中较大值。

（三）连接套筒、连接件、预埋件、预留孔洞的安装检验

连接套筒等所有预埋件准确定位并固定后，需对其安装位置进行检查和验收。

预埋件、连接件和预留孔洞的允许偏差和检验方法见表5-7。

表5-7　预埋件、连接件和预留孔洞的允许偏差和检验方法

项目		允许偏差（mm）	检验方法
钢筋连接套筒	中心线位置	±3	钢尺检查
	安装垂直度	1/40	拉水平线、竖直线测量两端差值

续表 5-7

项目		允许偏差 （mm）	检验方法
预埋件 （插筋、 螺栓、 吊具等）	中心线位置	±5	钢尺检查
	外露长度	+5,0	钢尺检查
	安装垂直度	1/40	拉水平线、竖直线测量两端差值
连接件	中心线位置	±3	钢尺检查
	安装垂直度	1/40	拉水平线、竖直线测量两端差值
预留孔洞	中心线位置	±5	钢尺检查
	尺寸	+8,0	钢尺检查
预埋管线	连接部位中心线位置	±10	钢尺检查

注:钢筋连接套筒除应满足上述指标外,尚应符合套筒厂家提供的允许误差值和施工允许误差值要求。

第二节 构件成品检查验收与修补

一、成品的检验程序

（1）PC 构件制作完成后,须进行构件检验,包括缺陷检验、尺寸偏差检验、套筒位置检验、伸出钢筋检验等。

（2）全数检验的项目,每个构件应当有一个综和检验单,就像体检表一样;每完成一项检验,检验者签字确认一项;各项检验完成合格后,填写合格证,并在构件上做出标识。

（3）有合格证标识的构件才可以出厂。

二、预制构件成品出厂质量控制

（1）预制构件出厂前,应按照产品出厂质量管理流程和《装配式混凝土构件制作与验收技术规程》（DBJ 41/T 155—2016）规定,检查合格后方可出厂。

（2）当预制混凝土构件质量验收符合质量检查标准时,构件质量评定为合格。

（3）预制混凝土构件质量经检验,不符合本节要求,但不影响结构性能、安装和使用时,允许进行修补处理。修补后应重新进行检验,符合相关规程要求后,修补方案和检验结果应记录存档。

（4）当预制构件出厂检验符合要求时,预制构件质量评定为合格产品（准用产品）,由监理单位对预制构件签发产品质量证明书（合格证或准用证）。

预制墙板类构件尺寸允许偏差及检验方法应符合表5-8的要求。

表5-8　预制墙板类构件尺寸允许偏差及检验方法

项目			允许偏差（mm）	检验方法
规格尺寸		高度	±3	尺量检查
		宽度	±3	尺量检查
		厚度	±3	尺量检查
		对角线	5	钢尺量两个对角线
	门窗口	规格尺寸	±3	尺量检查
		对角线差	5	钢尺量两个对角线
		位置偏移	5	尺量检查
外形		模具面表面平整	2	2 m靠尺和塞尺检查
		普通面表面平整	3	
		侧向弯曲	$L/1\,000$且$\leqslant20$	拉线、钢尺量最大侧向弯曲处
		扭翘	$L/1\,000$	调平尺在两端量测
		门窗口内侧平整	2	2 m靠尺和塞尺检查
		装饰线条宽度	±3	尺量检查

续表 5-8

项目			允许偏差（mm）	检验方法
预埋部件	钢件	中心线位置偏移	5	尺量检查
		平面高差	(0,−5)	2 m 靠尺和塞尺检查
	插筋、木砖	中心线位置偏移	20	尺量检查
		插筋留出长度	(+5,−5)	
	吊环	中心线位置偏移	20	
		留出高度	(0,−10)	
预留孔洞		中心线位置偏移	5	
		规格尺寸	±5	
		安装门窗预留孔深度	±5	
结构安装用预留件（孔）	螺栓	中心线位置偏移	2	
		留出长度	(+10,−5)	
	内螺母、套筒、销孔等中心线位置偏移		2	
	主筋保护层		(+10,−5)	

注：L 为构件长度，mm。

　　检查数量：同一工作班生产的同类型构件，经全数自检、互检合格后，专检抽查不应少于 20%，且不应少于 5 件。

　　预制梁柱类构件尺寸允许偏差及检验方法应符合表 5-9 的要求。

　　检查数量：同一工作班生产的同类型构件，经全数自检、互检合格后，专检抽查不应少于 20%，且不应少于 5 件。

表 5-9　预制梁柱类构件尺寸允许偏差及检验方法

项目			允许偏差（mm）	检验方法
尺寸规格	长	梁	（+10，-5）	尺量检查
		柱	（+5，-10）	尺量检查
	截面宽度		±5	钢尺量一端及中部，取其中偏差绝对值较大处
	截面高度		±5	
	翼板厚		±5	
外形	表面平整	模具面	3	2 m 靠尺和塞尺检查
		手工面	5	
	侧向弯曲	梁、柱	L/750 且≤20	拉线、钢尺量最大弯曲处
	梁设计起拱		±10	
	梁下垂		0	
	梁倾斜度		5	垂线、钢尺测量
预埋部位	钢件	中心线位置偏移	5	尺量检查
		平面高差	5	方尺和塞尺检查
	螺栓	中心线位置偏移	△2	尺量检查
		外露长度	△+10，-5	
	插筋、木砖	中心线位置偏移	10	
		插筋留出长度	±5	
	吊环	相对位置偏移	20	
		留出高度	0，-10	
预留孔洞	一般孔洞中心线位置偏移		10	
	安装孔中心线位置偏移		△5	
键槽	中心线位置		△5	
	长度、宽度、深度		±5	
主筋外留长度			±10	
主筋保护层			±5	

注： L 为构件长度 mm；△表示不允许超偏差项目。

预制板类构件尺寸允许偏差及检验方法应符合表 5-10 的要求。

表 5-10　预制板类构件尺寸允许偏差及检验方法

项目		允许偏差（mm）		检验方法
规格外形尺寸	长度	±10，-5		尺量检查
	宽度	±5		尺量检查
	厚度	±5		尺量检查
	对角线差值	10		钢尺量两个对角线
	表面平整度	3		2 m 靠尺和塞尺检查
	扭翘	$L/750$		调平尺在两端测量
	侧向弯曲	$L/750$ 且≤20		拉线、钢尺量最大侧向弯曲处
预留孔洞	位置偏移	5		尺量检查
	规格尺寸	10、0		
预埋部件	预留线管线盒	水平方向中心线	20	
		垂直位置	5，0	
主筋外露长度		10，-5		
主筋混凝土保护层		5，-3		

注：L 为构件长度，mm。

检查数量：同一工作班生产的同类型构件，经全数自检、互检合格后，专检抽查不应少于 20%，且不应少于 5 件。

三、构件缺陷修补质量控制

（一）构件缺陷修补质量控制一般规定

（1）预制构件在生产制作、存放、运输等过程中造成的非结构质量问题，应采取相应的修补措施进行修补，对于影响结构的质量问题，应做报废处理。

（2）本规定适用于承重构件混凝土裂缝的修补；对承载力不足引

起的裂缝,除应按本适用的方法进行修补外,尚应采用适当加固方法进行加固。

（3）本规定适用于钢筋混凝土结构构件的锚固;不适用于素混凝土构件,包括纵向受力钢筋的配筋率低于最小配筋百分率规定的构件锚固,素混凝土构件及低配筋率构件的配筋应按锚栓进行设计计算。

（二）预制构件修补质量检查标准

构件表面破损和裂缝处理方案的判定依据见表5-11。

表 5-11　构件表面破损和裂缝处理方案的判定依据 （单位:mm）

项目	缺陷描述	处理方案	检验方法
破损	1.影响结构性能且不能恢复的破损	废弃	目测
	2.影响钢筋、连接件、预埋件锚固的破损	废弃	目测
	3.除上述1、2外,破损长度超过20 mm	修补	目测、卡尺测量
	4.除上述1、2外,破损长度20 mm 以下	现场修补	目测、卡尺测量
裂缝	1.影响结构性能且不能恢复的裂缝	废弃	目测
	2.影响钢筋、连接件、预埋件锚固的裂缝	废弃	目测
	3.裂缝宽度大于 0.3 mm 且裂缝长度超过300 mm	废弃	目测、卡尺测量
	4.上述1、2、3以外的,裂缝宽度超过0.2 mm	修补	目测、卡尺测量

（三）构件缺陷修补注意事项

（1）构件修补材料应和基材相匹配,主要考虑颜色、强度、黏结力等因素。

（2）修补的表观效果应与基材无大的差异,可进行适当的打磨。

（3）修补应在构件脱模检查,确定修复方案后立即进行,周围环境温度不要过高,以 30 ℃ 以下为宜。

第三节　构件质量通病原因、预防与处理方法

一、构件质量通病

(一)混凝土强度不足

PC 构件出窑强度不足、运输强度不足或安装强度不足,也可能是最终结构强度不足。

(二)问题描述

传统的预制构件,在带模板蒸汽养护的情况下,可以一次养护完成,同条件试件达到设计强度 75%以上才出池,同时满足运输、安装和使用的要求。但目前很多构件厂 PC 构件出窑强度偏低,后期养护措施又不到位,在运输、安装过程中容易造成缺棱掉角,甚至存在结构内在质量缺陷。有时还会产生安全问题,因为所有锚固件、预埋件均是基于混凝土设计标准值考虑的,但生产、运输、安装过程中混凝土强度不足可能导致锚固力不足,从而存在安全隐患。

(三)原因分析

直接原因是混凝土养护时间短,措施不到位,缺乏过程混凝土强度监控措施。根本原因是技术管理人员对 PC 构件过程混凝土质量管理不熟悉、不重视、不严格。

(四)预防措施

针对 PC 使用的混凝土配合比,制作混凝土强度增长曲线供质量控制参考;制订技术方案时要结合施工需要确定混凝土合理的出窑、出厂、安装强度;针对日常生产的混凝土,每天做同条件养护试件若干组,并根据需要试压;做好混凝土出窑后各阶段的养护;混凝土强度尚未达到设计值的 PC 构件,应有专项技术措施确保质量安全。

(五)处理方法

对施工过程中发现的混凝土强度不足问题,应继续加强养护,并用同条件试块、回弹等方法检测强度,满足要求方可继续施工。对最终强

度达不到设计要求的,应当根据最终值提请设计院和监理工程师洽商是否可以降低标准使用(让步接收);确实无法满足结构要求的,构件报废,结构返工重做。

二、尺寸偏差通病

(一)钢筋或结构预埋件尺寸偏差过大

1.问题描述

PC 构件钢筋或结构预埋件(灌浆套筒、预埋铁、连接螺栓等)位置偏差过大,轻则影响外观和构件安装,重则影响结构受力。

2.原因分析

构件深化设计时未进行碰撞检查;钢筋半成品加工质量不合格;吊运、临时存放过程中没有做防变形支架;钢筋及预埋件未用工装定位牢固;混凝土浇筑过程中钢筋骨架变形、预埋件跑位;外露钢筋和预埋件在混凝土终凝前没有进行二次矫正;过程检验不严格,技术交底不到位。

3.预防措施

深化设计阶段应用 BIM 技术进行构件钢筋之间、钢筋与预埋件预留孔洞之间的碰撞检查;采用高精度机械进行钢筋半成品加工;结合安装工艺,考虑预留钢筋与现浇段钢筋的位置关系;钢筋绑扎或焊接必须牢固,固定钢筋骨架和预埋件的措施可靠有效;浇筑混凝土之后要专门安排工人对预埋件和钢筋进行复位;严格执行检验程序。

4.处理方法

对施工过程中发现的钢筋和预埋件偏位问题,应当及时整改,没有达到标准要求不能进入下一道工序;对已经形成的钢筋和预埋件偏位,能够复位的尽量复位,不能复位的要测量数据,提请设计和监理洽商是否可以降低标准使用(让步接收),确实无法满足结构要求的,构件报废,结构返工重做。

(二)钢筋保护层厚度不合格

1.问题描述

构件钢筋的保护层偏差大(过小或过大),从外观可能看不出来,但通过仪器可以检测出,这种缺陷会影响构件的耐久性或结构性能。

2.原因分析

钢筋骨架合格但构件尺寸超差;钢筋半成品或骨架成型质量差;模板尺寸不符合要求;保护层厚度垫块不合格(尺寸不对或者偏软);混凝土浇筑过程中,钢筋骨架被踩踏;技术交底不到位;质量检验不到位。

3.预防措施

应用 BIM 技术进行构件钢筋保护层厚度模拟,将不同保护层厚度进行协调,便于控制;采用符合要求的保护层厚度垫块;加强钢筋半成品、成品保护;混凝土浇筑过程中应采取措施,严禁砸、压、踩踏和直接顶撬钢筋;双层钢筋之间应有足够多的防塌陷支架;加强质量检验。

4.处理方法

钢筋保护层厚度不合格,如果是由于钢筋偏位导致的,经设计、监理会商同意可使用,但要有特殊保障措施,否则报废;如果是由于构件本身尺寸偏差过大,则要具体分析是否可用。钢筋保护层厚度看似小问题,但一旦发生很难处理,而且往往是大面积、系统性的,应当引起重视。

(三)构件尺寸偏差、平整度不合格

1.问题描述

PC 构件外形尺寸偏差、表面平整度、轴线位置超规范允许偏差值。

2.原因分析

模板定位尺寸不准,没有按施工图纸进行施工放线或误差较大;模板的强度和刚度不足,定位措施不可靠,混凝土浇筑过程中移位;模板使用时间过长,出现了不可修复的变形;构件体积太大,混凝土流动性太大,导致浇筑过程中模具跑位;构件生产出来后码放、运输不当,导致出现塑性变形。

3.预防措施

优化模板设计方案,确保模板构造合理,刚度足够完成任务;施工前认真熟悉设计图纸,首次生产的产品要对照图纸进行测量,确保模具合格,构件尺寸正确;模板支撑机构必须具有足够的承载力、刚度和稳定性,确保模具在浇筑混凝土及养护的过程中,不变形、不失稳、不跑模;振捣工艺合理,模板不受振捣影响而变形;控制混凝土坍落度不要太大;在浇筑混凝土过程中,及时发现松动、变形的情形,并及时补救;做好二次抹面压光;做好码放、运输技术方案并严格执行;严格执行"三检"制度。

4.处理方法

预制构件不应有影响结构性能和使用功能的尺寸偏差;对超过尺寸允许偏差要求且影响结构性能、设备安装、使用功能的结构部位,可以采取打磨、切割等方式处理。尺寸超差严重的,应由施工单位提出技术处理方案,并经设计单位及监理(建设)单位认可后进行处理。对经处理后的部位,应重新验收。

(四)预埋件尺寸偏差

1.问题描述

复核在 PC 构件中的各种线盒、管道、吊点、预留孔洞等中心点位移、轴线位置超过规范允许偏差值。这类问题非常普遍,虽然对结构安全没有影响,但严重影响外观和后期装饰装修工程施工。

2.原因分析

设计不够细致,存在尺寸冲突;定位措施不可靠,容易移位;工人施工不够细致,没有固定好;混凝土浇筑过程中被振捣棒碰撞;抹面时没有认真采取纠正措施。

3.预防措施

深化设计阶段应采用 BIM 模型进行埋件放样和碰撞检查;采用磁盒、夹具等固定预埋件,必要时采用螺丝拧紧;加强过程检验,切实落实"三检"制度;浇筑混凝土过程中避免振动棒直接碰触钢筋、模板、预埋件等;在浇筑混凝土完成后,认真检查每个预埋件的位置,及时发现问题,进行纠正。

4.处理方法

混凝土预埋件、预留孔洞不应有影响结构性能和装饰装修的尺寸偏差。对超过尺寸允许偏差要求且影响结构性能、装饰装修的预埋件,需要采取补救措施,如多余部分切割、不足部分填补、偏位严重的挖掉重植等。有的严重缺陷,应由施工单位提出技术处理方案,并经设计单位及监理(建设)单位认可后进行处理。对经处理后的部位,应重新验收。

三、外观质量通病(裂缝)

(一)问题描述

裂缝从混凝土表面延伸至混凝土内部,按照深度不同可分为表面裂缝、深层裂缝、贯穿裂缝。贯穿性裂缝或深层的结构裂缝,对构件的强度、耐久性、防水等造成不良影响,对钢筋的保护尤其不利。

(二)原因分析

混凝土开裂的成因很复杂,但最根本的原因就是混凝土抗拉强度不足以抵抗拉应力。混凝土的抗拉强度较低,一般只有几个兆帕,而产生拉应力的原因很多,常见的有:干燥收缩、化学收缩、降温收缩、局部受拉等。直接原因可能来自养护期表面失水、升温降温太快、吊点位置不对、支垫位置不对、施工措施不当导致构件局部受力过大等。混凝土在整个水化硬化过程中强度持续增长,当混凝土强度增长不足以抵抗所受拉应力时,出现裂缝。拉应力持续存在,则裂缝持续开展。压应力也可能产生裂缝,但这种裂缝伴随的是混凝土整体破坏,一般很少见。

(三)预防措施

预防措施有:合理的构件结构设计(尤其是针对施工荷载的构造配筋);优化混凝土配合比,控制混凝土自身收缩;采取措施做好混凝土强度增长关键期(水泥水化反应前期)的养护工作;制订详细的构件吊装、码放、倒运、安装方案并严格执行;对于清水混凝土构件,应及时涂刷养护剂和保护剂。

(四)处理方法

裂缝处理的基本原则是首先要分析清楚形成的原因,如果是长期存在的应力造成的裂缝,首先要想办法消除应力或者将应力控制在可承受范围内;如果是短暂应力造成的裂缝,应力已经消除,则主要处理已形成的裂缝。表面裂缝(宽度小于 0.2 mm,长度小于 30 mm,深度小于 10 mm),一般不影响结构,主要措施是将裂缝封闭,以免水汽进入构件肌体,引起钢筋锈蚀;对于宽度较宽、较深甚至是贯通的裂缝,要采取灌注环氧树脂的方法将内部裂缝填实,再进行表面封闭。超过规范规定的裂缝,应制订专项技术方案报设计和监理审批后执行。已经破坏严重的构件,则无修补的必要。

四、灌浆孔堵塞

(一)问题描述

当采用灌浆套筒进行钢筋连接时,会出现灌浆孔(管道)被堵塞的情形,严重影响套筒灌浆质量,应当引起重视。

(二)原因分析

封堵套筒端部的胶塞过大;灌浆管在混凝土浇筑过程中被破坏或折弯;灌浆管定位工装移位;水泥浆漏浆进入套筒;采用坐浆法安装墙板时坐浆料太多,挤入套筒或灌浆管;灌浆管保护措施不到位,有异物掉入。

(三)预防措施

优化套筒结构,便于施工质量保证;做好灌浆管固定和保护,工装应安全可靠;混凝土浇筑时避免碰到灌浆管及其定位工装;严格执行检验制度,在灌浆管安装、混凝土浇筑、成品验收时都要检验灌浆管的畅通性。

(四)处理方法

对堵塞的灌浆管,要剔除周边混凝土,直到具备灌浆条件,待套筒灌浆完成后采用修补缺棱掉角的方法修补。剔凿后仍然不能确保灌浆质量的构件,制订补强方案提请设计和监理审核处理。

五、孔洞、蜂窝、麻面

(一)问题描述

孔洞是指混凝土中深度和长度均超过保护层厚度的孔穴;蜂窝是指混凝土表面缺少水泥砂浆而形成石子外露;麻面是指构件表面上呈现无数的小凹点,而无钢筋暴露的现象。

(二)原因分析

混凝土欠振,不密实;隔离剂涂刷不均匀,粘模;钢筋或预埋件过密,混凝土无法正常通过;边角漏浆;混凝土和易性差,泌水或分离;混凝土拆模过早,粘模;混凝土骨料粒径与构件配筋不符,不易通过间隙。

(三)预防措施

深化设计阶段应认真研究钢筋、预埋件情况,为混凝土浇筑创造条件;模板每次使用前应进行表面清理,保持表面清洁光滑;采用适合的脱模剂;做好边角密封(不漏水);采用最大粒径符合规范要求的混凝土;按规定或方案要求合理布料,分层振捣,防止漏振;对局部配筋或工装过密处,应事先制定处理措施,保证混凝土能够顺利通过;严格控制混凝土脱模强度(一般不低于 20 MPa)。

(四)处理方法

对于表面蜂窝、麻面,刷洗干净后,用掺细砂的水泥砂浆将露筋部位抹压平整,并认真养护。对于较深的孔洞,将表面混凝土清除后,应观察内部结构,如果发现空洞内部空间较大或者构件两面同时出现空洞,应引起重视。如果缺陷部位在构件受压的核心区,应进行无损检测,确保混凝土抗压强度合格方能使用。必要时进行钻芯取样检查,检查后认为密实性不影响结构的,也要进行注浆处理,检查后不能确定缺陷程度或者不密实范围超过规范要求的,构件应该报废处理。内部填充密实后,表面用修补麻面的办法修补。

六、缺棱掉角

(一)问题描述

构件边角破损,影响到尺寸测量和建筑功能。

(二)原因分析

设计配筋不合理,边角钢筋的保护层过大;施工(出池、运输、安装)过程混凝土强度偏低,易破损;构件或模具设计不合理,边角尺寸太小或易损;拆模操作过猛,边角受外力或重物撞击;脱模剂没有涂刷均匀,导致拆模时边角粘连被拉裂;出池、倒运、码放、吊装过程中,因操作不当引起构件边角等位置磕碰。

(三)预防措施

优化构件和模具设计,在阴角、阳角处应尽可能做倒角或圆角,必要时增加抗裂构造配筋;控制拆模、码放、运输、吊装强度,移除模具的构件,混凝土绝对强度不应少于 20 MPa;拆模时应注意保护棱角,避免用力过猛;脱模后的构件在吊装和安放过程中,应做好保护工作;加强质量管理,有奖有罚。

(四)处理方法

对崩边、崩角尺寸较大(超过 20 mm)位置,首先进行破损面清理,去除浮渣,然后用结构胶涂刷结合面,使用加专用修补剂的水泥基无收缩高强砂浆进行修补(修补面较大应加构造配筋或抗裂纤维),修补完成后保湿养护不少于 48 h,最后做必要的表面修饰。超过规范允许范围要报方案,经设计、监理同意,不能满足规范要求的做报废处理。

七、色差、污迹、砂斑、起皮

(一)色差

1.问题描述

混凝土为一种多组分复合材料,表面颜色常常不均匀,有时形成非常明显的反差。

2.原因分析

形成色差的原因很多:不同配合比颜色不一致;原材料变化导致混凝土颜色变化;养护条件、湿度条件、混凝土密实性不同导致混凝土颜色差异;脱模剂、模板材质不同导致混凝土颜色差异。

3.预防措施

保持混凝土原材料和配合比不变;及时清理模板,均匀涂刷脱模剂;加强混凝土早期养护,做到保温保湿;控制混凝土坍落度和振捣时间,确保混凝土振捣均匀(不欠振,不过振);表面抹面工艺稳定。

4.处理方法

养护过程形成的色差,可以不用处理,随着时间推移,表面水化充分之后色差会自然减弱;对于配合比、振捣密实性、模板材质变化引起的色差,如果是清水混凝土其实也不用处理,只是涂刷表面保护剂。实在是影响观感的色差,可以用带胶质的色浆进行调整,调整色差的材料不应影响后期装修。

(二)污迹

1.问题描述

由于混凝土表面为多孔状,极容易被油污、锈迹、粉尘等污染,形成各种污迹,难以清洗。

2.原因分析

模具初次或停留时间长不用时清理不干净,有易掉落的氧化铁;脱模剂选择不当,涂刷太厚或干燥太慢,沾染灰尘过多;模具使用过程中清理不干净,粘有太多浮渣;构件成品保护不到位,外来脏东西污染到表面。

3.预防措施

模具初次使用时清理干净,使用过程中每次检查;优选脱模剂,宜选用清油、蜡质或者水性钢模板专用脱模机,不能用废机油、色拉油等;制订严格的成品保护措施,严禁踩踏、污水泼洒等。

4.处理方法

构件表面的污迹要根据成因进行清洗:酸性物质宜采用碱性洗涤剂;碱性(铁锈)物质宜采用酸性(草酸)洗涤剂;有机类污物(如油污)宜采用有机洗涤剂(洗衣粉)。清洗时应用毛刷,用钢丝刷容易形成新的色差。

(三)砂斑、砂线、起皮

1.问题描述

混凝土表面出现条状起砂的细线或斑块,有的地方起皮,皮掉了之后形成砂毛面。

2.原因分析

直接原因是混凝土和易性不好,泌水严重。深层次的原因是骨料级配不好、砂率偏低、外加剂保水性差、混凝土过振等。表面起皮的一个重要原因是混凝土二次抹面不到位,没有把泌水形成的浮浆压到结构层里;同时也可能是蒸汽养护升温速度太快,引起表面爆皮。

3.预防措施

选用普通硅酸盐水泥;通过配合比确定外加剂的适宜掺量;调整砂率和掺和料比例,增强混凝土黏聚性;采用连续级配和二区中砂;严格控制粗骨料中的含泥量、泥块含量、石粉含量、针片状含量;通过试验确定合理的振捣工艺(振捣方式、振捣时间);采用吸水型模具(如木模)。表面起皮的构件,应当加强二次抹面质量控制,同时严格控制构件养护制度。

　　4.处理方法

　　对缺陷部位进行清理后,用含结构胶的细砂水泥浆进行修补,待水泥浆体硬化后,用细砂纸将整个构件表面均匀地打磨光洁,如果有色差,应调整砂浆配合比。

第三部分　现场管理

第六章　职业素养

第一节　安全知识

一、安全生产的重大意义

安全生产关系人民群众生命财产安全,关系改革、发展和稳定大局。安全责任重于泰山。生产经营单位安全管理人员应了解我国安全生产形势与方针目标,学习和掌握安全生产管理知识。扎扎实实地做好安全生产管理工作,提高安全生产管理水平,是当前安全生产亟待解决的问题,也是实现经济社会可持续发展的必然要求。

二、安全生产的基本要素

(1)必须按照国家法律法规进行安全培训。

(2)对新工人或调换工种的工人经培训考核合格,方准上岗。

(3)必须设置安全设施,备齐必要的安全警示牌等工具。

(4)生产人员必须佩戴安全帽、作业手套、防砸鞋、防尘口罩等。

(5)必须确保起重机的完好,起重机工必须持证上岗。

(6)吊运前要认真检查索具和被吊点是否牢靠。

(7)在吊运构件时,吊钩下方禁止站人或有人行走。

(8)班组长每天要对班组工人进行作业环境的安全交底。

(9)安全隐患点控制

①高模具、立式模具的稳定。

②立式存放构件的稳定。

③存放架的固定。

④外伸钢筋醒目提示。

⑤物品堆放防止磕绊的提示。

⑥装车吊运安全。

⑦电动工具安全使用。

第二节　质量保证

一、质量管理工作职责

（1）企业总经理对产品质量负主要责任，由主管质量的副总负责具体质量管理工作，质检部经理负责落实及监督质量管理工作，质检部与生产部配合主管副总做好质量管理工作，质量主管、实验室主管与生产部主管负责具体工作。质量管理工作职责见图 6-1。

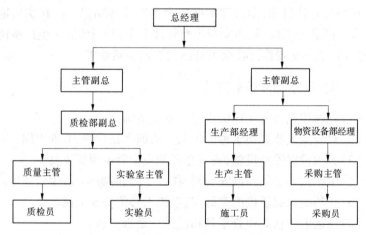

图 6-1　质量管理工作职责

（2）全员参与质量管理工作与质量提升工作，提高一线工人的质量意识，强化技术工人的职业技能，细化生产过程中的质量控制，严格执行质量管理流程及质量标准。进一步增强质量意识，优化生产流程，切实有效保证产品质量。优化产品的生产工艺，提高生产效率。提高技术人员的技术能力，提高整体工艺水平。

二、质量管理组织措施

(一)以人的工作质量确保工程质量

工程质量是直接参与施工的组织者、指挥者和具体操作者共同创造的,人的素质、责任感、事业心、质量观、业务能力、技术水平等均直接影响工程质量。作为控制的动力,是要充分调动人的积极性,发挥人的主导作用。因此,加强劳动纪律教育、职业道德教育、专业技术培训、健全岗位责任制、改善劳动条件,是确保工程质量的关键。

(二)严格控制投入材料的质量

任何一项工程施工,均需投入大量的各种原材料、成品、半成品、构配件和材料,对于上述各种物资,主要是严格检查验收控制,正确合理地使用,建立管理台账,进行收、发、储、运等各环节的技术管理,避免将不合格的材料使用到工程上。为此,对投入物品的订货、采购、检查、验收、取样、试验均应进行全面控制,从组织货源、优选供货厂家、直到使用认证,特别是预制构件及部品应使用经地方主管部门认证的产品,做到层层把关。

(三)全面控制施工过程,重点控制工序质量

任何一个工程项目都是由若干分项、分部工程所组成的,要确保整个工程项目的质量,达到整体优化的目的,就必须全面控制施工过程,使每一个分项、分部工程都符合质量标准,而每一个分项、分部工程又是通过一道道工序来完成的,通过每道工序事先控制、事中控制、事后检查,达到全施工工序无缝管理。

(四)机械控制

机械控制包括施工机械设备、工具等控制,要根据不同工艺特点和技术要求,选用匹配的合格机械设备也是确保工程质量的关键;正确使用、管理和保养好机械设备。为此,要健全人机固定制度、操作证制度、岗位责任制度、交接班制度、技术保养制度、安全使用制度、机械设备检查制度等,确保机械设备处于最佳使用状态。

(五)施工方法控制

施工方法控制包含施工组织设计、专项施工方案、施工工艺、施工

技术措施等的控制,这是构成工程质量的基础。应切合工程实际,对施工过程中所采用的施工方案进行充分论证,切实解决施工难题、经济合理,并有利于保证质量、加快进度、降低成本,做到工艺先进、技术合理、环境协调,有利于提高工程质量。

(六)环境控制

影响施工项目质量的环境因素较多,有工程技术环境;工程管理环境,如质量保证体系、质量管理制度等;劳动环境,如劳动组合、作业场所、工作面等。如前一工序往往就是后一工序的环境,前一分项、分部工程也就是后一分项、分部工程的环境。因此,根据工程特点和具体条件,应对影响质量的环境因素采取有效的措施严加控制。尤其是施工现场,应建立文明施工和文明生产的环境,保持预制构件部品有足够的堆放场地,其他材料工件堆放有序,道路畅通,工作场所清洁整齐,施工程序井井有条,为确保质量、安全创造良好条件。

第三节　文明施工

一、文明施工的基本要求

文明施工是工厂保持施工场地整洁、卫生的一项施工活动。文明施工管理包括安全管理、绿色施工、施工生活和办公区管理、安全生产技术等。一流的施工企业,除了要有一流的质量、一流的安全,还必须具有一流的文明施工现场。搞好现场的文明施工对于提升企业形象有重要意义。全面加强施工现场文明施工管理,应当做到施工现场围挡、大门、标牌标准化、材料码放整齐化(按照现场平面布置图确定的位置集中、整齐码放)、安全设施规范化、生活设施整洁化、职工行为文明化、工作生活秩序化。工程施工要做到工完场清、施工不扰民、现场不扬尘、运输无遗撒、垃圾不乱弃,努力营造良好的施工作业环境,使施工现场成为干净、整洁、安全和环境保护的文明厂区。

二、文明施工的工作内容

（1）制订并严格执行以下文明施工措施和规范,设立专职文明施工现场管理小组责任人,24 h 管理以下主要内容:

①现场环境卫生管理。

②噪声防护处理。

③秋冬物燥防火(如果现场附近多山和树木,更注意周围环境的防火)。

④周围环境卫生打扫、冲洗、喷水、降尘。

⑤及时清理排污沟淤泥。

（2）现场文明施工、环境保护管理规定:

①室内施工场地:建筑物室内的主要通道、楼梯间必须通畅,有足够的照明;无积水、无泥浆、无高空向下抛洒垃圾现象;临时施工杂物、垃圾按规定的区域堆放并定时清运;搅拌砂浆必须有容器或垫板,施工完场地要清净,丢洒在楼梯、楼板的砂浆混凝土要及时清扫。

②安全警示标志:加强现场宣传教育工作,在施工现场的醒目位置设有相关的安全警示标志,人员进入施工现场必须戴安全帽。

（3）现场图表规格。

施工现场办公室内要有施工平面布置图、施工进度计划表、各岗位责任制制度等,且要求内容清晰、图实相符,随施工不同阶段及时进行调整。

（4）对新进员工的管理。

施工班组人员进场后由安全文明领导小组对其进行安全技术交底,并进行三级安全教育(班组、项目部、分公司)。

（5）机械设备管理规定。

①施工现场流动安装的小型机具,要设置简易有效的临时防雨设施。

②各种施工机具班后要按规程进行保养,保持机容整洁。

③现场供配电干线安装架设要稳固整齐,相线零线要按顺序敷设布置,架设高度必须符合规范。

④施工现场安装的配电箱、开关箱采用公司统一的标准箱,箱门加锁。

(6)施工现场卫生。

①在车间内垃圾随时处理,保持场容整洁。

②设卫生责任人,有卫生检查记录。

(7)禁止在车间吸烟。

(8)进入施工现场的人员佩戴安全帽,对施工人员进行文明施工交底,禁止外来人员随便进出施工场地,杜绝影响施工人员正常工作。

(9)根据工厂总平面布置图,按规划堆放建筑材料、构件、料具并给予标识。

(10)易燃易爆物品分类堆放并给予标识。

(11)制订消防制度,配置消防设施,按照要求办理动火手续。

(12)施工场地张贴安全标语及环境标语。

(13)定期对场地卫生清洁检查,清疏沟渠、积水,定期灭蚊。每天由专人打扫、清理公共生活场所卫生。厨房卫生制度必须张贴上墙。

(14)建立文明生产责任人制度,加强对工人进行宣传教育工作,在工厂内张贴宣传标语,施工、生活污水要经过滤池及砂井才排放入市政管道。

(15)制订保健急救措施,落实现场配置措施。

(16)落实防尘、防噪声措施。

(17)开展创文明工厂,树立企业良好形象活动,力争本工程成为城市文明施工模范企业。

第四节　环境保护

一、环境保护的目标

(1)要加强生产过程中废水、废气、扬尘、噪声、固体废物废渣的排放和控制。

(2)临时用地要注意节约土地,尽量少占耕地,减少对周围自然环境和社会环境的破坏及影响,防止水土流失。

(3)机械设备选型要符合环境保护要求,首选低噪声、低振动、低排放的节能型机械设备,禁止使用淘汰型产品、设备。

(4)合理利用资源、能源,推广清洁生产工艺,优先采用国家推广的环境保护技术和产品,全过程控制污染源。

(5)提高水的利用率,降低单位产品的耗水量,节约水资源。

(6)固体废弃物应分类收集、综合利用和无害化处理,不得随意处置。

二、环境保护保证体系

制订环境保护制度,加强环境保护基础工作,加强监督检查,落实各项工作责任制,形成环境保护保证体系(见图6-2),实现环境保护目标。

三、主要污染源分析

工厂施工现场主要污染源包括粉尘、噪声、废水、废气和固体废弃物。

(一)粉尘

(1)切割及打磨金属、木材、石材等材料。

(2)楼板、墙壁孔(洞)作业、刨沟槽作业。

(3)搬运、使用、倾倒粉质材料。

(4)室内场地扬尘。

(5)露天场地、道路风沙、扬尘。

(6)电焊产生的烟尘等。

(7)使用玻璃纤维保温时产生尘屑。

(二)噪声

(1)切割、打磨、打凿、敲打等。

(2)使用行车、弯箍机、网片机、棒材机、大型搅拌机、空压机、射钉枪、冲击钻、电钻、风镐等。

(3)安装或装修以及装嵌时的重力敲打等。

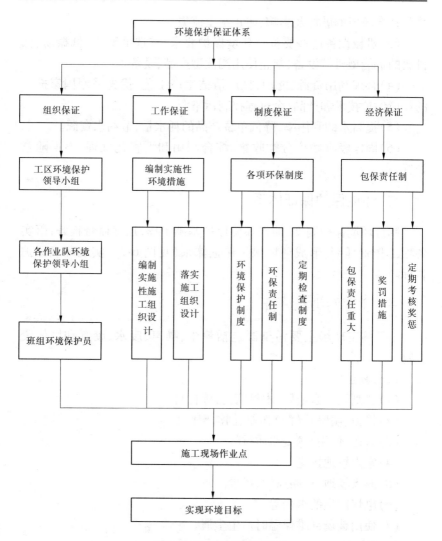

图 6-2　环境保护保证体系

(三) 废水 (液)

(1) 机械加工、切割、打磨作业。

(2) 管道清洗作业。

(3) 清洗场地、工具。

（4）混凝土外加剂。

（5）生活污水排放等。

（四）废气

（1）油漆作业。

（2）墙体涂料作业。

（3）风、电焊作业。

（4）其他化学危险品使用。

（5）柴油发电机发电等。

（五）固体废弃物

（1）按类别分,包括施工垃圾、生活垃圾。

（2）按性质分,包括可重复利用的、可再生利用的、不可回收的。

四、环境保护措施

（一）有害物质的存放和处理

（1）施工剩余的橡胶、塑料等下脚料,要统一回收作为废旧物资处理,不得焚烧、掩埋,不得与土渣等建筑垃圾混在一起丢弃。

（2）汽油、机油、烯料、油漆等易燃、易爆、易挥发的材料,要妥善保管,防止泄漏、外流,对环境造成污染。

（二）废渣的处理

（1）在施工现场设建筑废渣临时存放点,然后用密封完好的自卸汽车运至弃渣场。严禁占用道路、空地等非计划内地点存放废渣。

（2）运渣车辆完好,噪声控制、废气排放、车辆外形等指标符合有关规定。

（三）污水处理

（1）生活污水的处理生活区均要建设公用厕所,厕所污水排入化粪池。

（2）冲洗汽车的水主要污物为泥沙,不得直接排放,必须排至澄清池内,充分澄清后达标排放。

（四）垃圾处理

（1）生产前与市、区环卫部门取得联系,申报建筑垃圾、生活垃圾的类型、排放数量、处置方法和处置地点,取得批准。特殊原因需要改变垃圾处置计划时,必须重新申报批准。

（2）严格执行环卫部门的有关规定,按经批准的垃圾处置计划进行处理,不得私自随意处理垃圾。

（3）生活区设置垃圾箱,生活垃圾集中存放,经常消毒杀菌灭蝇,定期清运。

（4）建筑垃圾必须按规定的位置临时存放,不得随意占用城市道路、空地,存放地四周要设有遮挡,刮风、下雨时有防尘、防污水外流措施。建筑垃圾要及时清运,装车、运输过程中要保持清洁,严禁沿路抛撒。

（五）噪声和振动的控制

施工期间,应控制噪声对环境的影响,主要的噪声来源是施工机械等。采取的控制措施为:

（1）施工场界噪声按《建筑施工场界噪声限值》（GB 12535—90）的要求进行控制。

（2）采取措施,保证在各施工阶段尽量选用低噪声的机械设备和工法。并且在满足施工要求的条件下,尽量选择低噪声的机具。

（3）噪声超标时一定采取措施,并按规定缴纳超标准排污费。对超标造成的危害,要向受此影响的组织和个人给予赔偿。

（4）确定施工场地合理布局、优化作业方案和运输方案,保证施工安排和场地布局考虑尽量减少施工对周围居民生活的影响,减小噪声的强度和敏感点受噪声干扰的时间。

（5）研究和改进施工工艺,尽量选用产生噪声和振动较小施工方法。

（六）地下水污染的控制

（1）认真执行国家、地市环境保护法规、条例,施工过程中注意对地下水的保护,防止生活、施工污水和垃圾对地下水造成污染。严格控制饮用水源周围环境,水源周围作为环境保护和控制的重点,进行重点监控和管理。

（2）生活区应有公共卫生设施,所有生活污水、粪便、垃圾收集后集中存放和处理。生活污水中有机物质含量高,含有大量致病菌和悬浮物,但一般不含有毒物质,采用一级处理系统对生活污水进行处理。现场设置的厕所、浴室、食堂排水系统,必须经过卫生和环保部门的检查批准。固定厕所设化粪池,移动厕所设收集装置,安排专人维护厕所清洁,定期消毒灭菌。

(3)加强对有毒有害物质的存放、保管、使用管理,使用后剩余的应收集处理,严禁乱丢乱弃,或随意倒入地表土壤、城市排水系统。

(4)生活垃圾和施工垃圾要及时清运处理,防止垃圾腐败变质,雨季污水漫流,造成对环境和地下水的污染

(七)粉尘污染控制

粉尘的主要污染来源有运输、开挖、燃油机械等。采取的控制措施包括:

(1)对易产生粉尘、扬尘的作业面和装卸、运输过程,制定操作规程和洒水降尘制度,在旱季和大风天气适当洒水,保持湿度。工厂设专管人员,采取各种措施使工地不出现扬尘现象,采取向引起扬尘的土方、粉煤灰、地面及时洒水等措施。

(2)合理组织施工、优化工地布局,使产生扬尘的作业、运输尽量避开敏感点和敏感时段(室外多人群活动的时候)。

(3)构件浇筑使用商品混凝土,避免在场地内拌制混凝土。水泥等易飞扬细颗粒散体物料应尽量安排库内存放,堆土场、散装物料漏天堆放场要压实、覆盖。

(4)选择合格的运输单位,采用密闭车型,保证运输过程不散落。运输车辆应遵照公安部门的规定,车辆封闭措施按照相关部门要求制作。

参 考 文 献

[1] 郭学明,等.装配式混凝土结构建筑的设计、制作与施工[M].北京:机械工业
　　出版社,2017.

[2] 刘海成,郑勇,等.装配式剪力墙结构深化设计、构件制作与施工安装技术指南
　　[M].北京:中国建筑工业出版社,2016.

[3] 中建科技有限公司,中建装配式建筑设计研究院有限公司,中国建筑发展有
　　限公司.装配式混凝土建筑施工技术[M].北京:中国建筑工业出版社,2017.

[4] 张金树,王春长.装配式建筑混凝土预制构件生产与管理[M].北京:中国建筑
　　工业出版社,2017.

[5] 中华人民共和国住房和城乡建设部.混凝土结构工程施工质量验收规范:GB
　　50204—2015[S].北京:中国建筑工业出版社,2015.

[6] 中华人民共和国住房和城乡建设部.装配式混凝土结构技术规程:JGJ 1—
　　2014[S].北京:中国建筑工业出版社,2014.

[7] 中华人民共和国住房和城乡建设部.钢筋机械连接技术规程:JGJ 107—2016
　　[S].北京:中国建筑工业出版社,2016.

[8] 中华人民共和国住房和城乡建设部.建筑施工扣件式钢管脚手架安全技术规
　　范:JGJ 130—2011[S].北京:中国建筑工业出版社,2011.

[9] 中华人民共和国住房和城乡建设部.建筑施工安全检查标准:JGJ 59—201
　　[S].北京:中国建筑工业出版社,2011.

[10] 中华人民共和国住房和城乡建设部.钢筋焊接网混凝土结构技术规程:JGJ
　　　114—2014[S].北京:中国建筑工业出版社,2014.

[11] 中华人民共和国住房和城乡建设部.钢筋焊接及验收规程:JGJ 18—2012[S].
　　　北京:中国建筑工业出版社,2012.

[12] 中华人民共和国住房和城乡建设部.预制带肋底板混凝土叠合楼板技术规
　　　程:JGJ/T 258—201[S].北京:中国建筑工业出版社,2012.

[13] 中华人民共和国住房和城乡建设部.预制混凝土剪力墙外墙板:15G 365—1
　　　[S].北京:中国计划出版社,2015.

[14] 中华人民共和国住房和城乡建设部.装配式混凝土结构连接节点构造(2015
　　　年合订本):G 310—1~2[S].北京:中国计划出版社,2015.

[15] 中华人民共和国建设部.施工现场临时用电安全技术规范(附条文说明):JGJ
　　　46—2005[S].北京:中国建筑工业出版社,2005.

[16] 济南市城乡建设委员会建筑产业化领导小组办公室组织.装配整体式混凝土结构工程工人操作实务[M].北京:中国建筑工业出版社,2016.

[17] 夏峰,张弘.装配式混凝土建筑生产工艺与施工技术[M].上海:上海交通大学出版社,2017.